城市规划与
建筑景观设计

何 平　侯长志　边 军◎主 编

中国出版集团　现代出版社

图书在版编目（CIP）数据

城市规划与建筑景观设计/何平，侯长志，边军主编．—北京：现代出版社，2023.12
ISBN 978-7-5231-0711-9

Ⅰ.①城… Ⅱ.①何… ②侯… ③边… Ⅲ.①城市规划—建筑设计 Ⅳ.①TU984

中国国家版本馆 CIP 数据核字（2023）第 248901 号

编　　者：何　平　侯长志　边　军
责任编辑：袁子茵

出 版 人：乔先彪
出版发行：现代出版社
地　　址：北京市安定门外安华里 504 号
邮　　编：100011
电　　话：010－64267325
传　　真：010－64245264（兼传真）
网　　址：www.1980xd.com
印　　刷：北京建宏印刷有限公司
开　　本：787mm×1092mm　1/16
印　　张：9.5
字　　数：230 千字
版　　次：2023 年 12 月第 1 版　　2023 年 12 月第 1 次印刷
书　　号：ISBN 978-7-5231-0711-9
定　　价：58.00 元

前　　言

　　城市是人类文明高度发达的智慧结晶，是一个巨大、综合的人居环境系统，是人类社会生产力发展、创造力展现的最重要的舞台。城市规划涉及城市及乡村的政治、经济、文化、地理等诸多领域，是涵盖社会科学、工程技术与艺术等诸多学科的综合性学科。城市规划既是一门伴随着社会经济发展而动态发展的学科，也是一门艺术。

　　建筑景观学是一门综合性质的学科，涉及园林学、艺术学、植物学、环境学以及生态学等学科，同时也是一门古老的艺术学科。然而，建筑景观设计走到今天依然存在诸多问题。只有对其中存在的问题及时进行科学的修正，才能使城市建筑景观朝着对人类居住和社会文化有益的方向快速发展，促进建筑业的进步。

　　城市规划与建筑景观设计体现了城市发展的思路，是相关研究人员与全体市民智慧的结晶。培养城市规划与建筑景观设计人才、提高城市规划与建筑景观设计中的公众参与水平、推动城市建设的美好发展，是编者写作本书的目的。

　　本书的内容分为两大部分：第一部分讲述建筑规划相关知识，首先从宏观上介绍建筑规划概论，使建筑规划在读者心中呈现出一个简略的整体面貌；然后，从微观上详细介绍城市建设所涉及的各方面的具体规划，给读者留下具体的印象。第二部分阐述建筑景观设计基本理论，首先介绍城市景观设计的基本知识，然后从广场景观、公园景观、街道景观三个方面阐释设计理论与实践。

　　本书注重知识的系统性、完整性、科学性及前沿性，同时与实践相结合，提出与规划实践、城市建设现状、建筑景观设计相关的案例及问题，以帮助、引导读者积极自觉思考和分析问题，激发读者创新意识，力求培养读者理论联系实际以及解决实际问题的能力。

　　在撰写过程中，为提升本书的学术性与严谨性，编者参阅了大量的文献资料，引用了一些同行前辈的研究成果，因篇幅有限，不能一一列举，在此一并表示最诚挚的感谢。由于时间限制，编者在撰写的过程中难免会存在一定的不足，对一些相关问题的研究不透彻，恳请前辈、同行以及广大读者斧正。

编　者

2023 年 9 月

目　　录

第一章　城市规划概论

第一节　城市规划概述

一、城市起源

（一）城市的定义

"城市"一词始见于《诗经·鄘风·定之方中》："文公徙居楚丘，始建城市而营宫室。""城市"一词是复合概念，是由"城"与"市"两个字组合而成。其中"城"是指用城墙等建筑把四周围起来，在一定地域上用作防御而筑起的墙垣。《管子·度地》说"内为之城，外为之廓"，"城"便是有守君为民的作用。而"市"的出现则比"城"稍晚一些，是指进行交易的场所。"城"与"市"是城市最原始的状态，"城"具有行政功能，"市"具有经济条件，其结合是历史的必然。

现代城市的定义概念根据《现代汉语词典》描述为："人口集中、工商业发达、居民以非农业人口为主的地区，通常是周围地区的政治、经济、文化中心。"同时各学科分别从研究目的、方法、方向等不同方面对现代城市给予了不同的解释。比如在经济学中，城市被认为是坐落在有限空间地区内的各种经济市场，由住房、劳动力、土地、运输等相互交织在一起的网络系统；现代城市是具有相当面积、经济活动和住房集中，使得在私人企业和公共部门产生规模经济的连片地理区域。在生态学中，城市被强调为一种生态系统，且是一种嵌入在整个生物圈中的资源生态系统，并在此命题下衍生出"生态城市"的概念。在地理学中，现代城市是指交通便利的地理环境，是有一定面积的人群和房屋紧密结合体。在社会学看来，由于城市的发展、人口数量的上升、市场功能的完善等，使城市的含义具有异质性。城市已逐渐成为习俗、文化、制度的集合体，显示了一种相互作用的方式。现代城市是由占据特定地区的群体通过一系列的技术设施与文化过程建立起来的社会形态。

（二）城市的产生

原始社会早期，人类为抵御野兽及自然力，如雨、雪、风、霜等的袭击而进行协作，聚处群居，共同生活、劳动、消费，过着原始生活，居住和流浪于热带、亚热带森林中和湖岸河边，选择巢居和穴居解决居住问题。而后在长期与自然的斗争中，逐渐形成了渔业、畜牧业与农业。人类通过自身劳动及智慧，所获得的食物开始增多，基本的生活物资有了保障，人口开始不断增长，生活较为安定。原始社会后期，人类在长期的生活劳作中，逐渐分担起不同的劳动，产生了人类社会的第一次劳动大分工，即将农业和畜牧业分离开。这场伟大的社会分工革命，促使人类固定的原始聚落开始出现。随着生产力不断提高，生产的产品出现剩余，出现了以物易物。正如我国古代《易经》所说的"日中为市，致天下之民，聚天下之货，交易而退，各得其所"。其促进了劳动生产率的提高，引起了部落之间的商品交换，为私有制的产生创造了物质前提。交换量的增加及交换次数愈加频繁，便出现了专门从事交易的商人，交换场所由临时场所改为固定的市。再后来劳动分工加强，生活需求多样化，各种专门的手工业者逐渐出现。于是，商业与手工业从农业中分离出来，产生了人类第二次劳动大分工。同时居住地也发生了分化，其中以农业为主的聚居地就是农村，以商业和手工业者为主的集中居住地就是城市的雏形。所以，也可以说城市是生产发展后人类第二次劳动大分工的产物。

城市是人与自然、人与人、人与力、人与社会，发展到一定阶段的产物，体现了人类文明的进步、经济的发展。我们目前无法具体得证世界上第一座城市的诞生，但是通过考古学和古老神话中的一些非直接证据可以得知，世界上最早的城市出现在尼罗河流域、美索不达米亚两河流域、印度河流域、黄河流域和中美洲地区。城市作为一种复杂的经济社会综合体，它不可能是突然成立的聚落，而是经过历史的打磨，逐渐的演进过程，经过了一段漫长的发展时期。

二、城市规划内涵

在不同的地区、社会、经济、历史背景的影响下，城市规划有着不同的理解和定义。例如，在英国的《不列颠百科全书》中提到："城市规划与改建的目的，不仅在于安排好城市形体即城市中的建筑、街道、公园、公共事业及其他各种的要求，而更重要的在于实现社会与经济目标。城市规划的实现要靠政府的运筹，并且需要应用调查、分析、预测和设计等专门技术。"美国则认为："城市规划是一种科学、一种艺术、一种政策活动，它设计并指导空间的和谐发展，以适应社会与经济的需求。"德国把城市规划视为整个空间规划体系中的一个环节，"城市规划的核心任务是根据不同的目的进行空间安排，探索和实现城市不同功能的用地之间互相管理的关系，并以政治决策为保障。这种决策必须是公共导向的，一方面解决居民安全、健康和舒适的生活环境；另一方面实现城市社会经济文化的发展"。在日本则更强调城市规划的技术性，指出"城市规划是城市空间布局、建设城市的技术手段，旨在合理地、有效地创造出良好的生活与活动环境"。

我国的城市规划是根据一定时期内城市的经济、社会发展的目标，确定城市的性质、规模和发展方向，从空间布局、土地利用、基础设施建设等方面进行综合、协调、合理的部署、统筹、安排。城市规划必须遵循城市空间资源的有效配置和土地合理利用的原则，考虑城市的地理环境，人文条件，经济发展状况等客观条件，制订适宜城市整体发展的规划，实现城市经济和社会发展的目标。城市规划追求科学与美感的有机统一，可以实现人与自然的和谐共处，实现经济效益、社会效益、环境效益的共赢。我国认为城市规划是建设、管理城市的基本依据，是确保城市空间资源有效配置和土地合理利用的前提和基础，是实现城市经济和社会发展目标的重要手段之一。

三、城市规划意义

无论对于发达国家，还是发展中国家，城市规划均被作为重要的政府职能。从一定意义上说，城市规划体现了政府指导和管理城市建设与发展的政策导向。

改革开放以来，随着社会主义市场经济体制的逐步确立和完善，城市规划以其高度的综合性、战略性、政策性和实施管理性的手段，在优化城市土地和空间配置，合理调整城市布局，协调各项建设，完善城市功能，有效提供公共服务，整合不同利益主体的关系，促进城市经济、社会的协调和可持续发展，维护城市整体和公共利益等方面，发挥着日益突出的作用。城市规划在预见并且合理地确定城市的发展方向、规模和布局上起到重要作用，通过做好环境的预断和评价，协调各方面在发展中的关系，统筹安排各项建设，使整个城市的建设和发展，达到技术先进、经济合理、"骨、肉"协调、环境优美的综合效果，为城市人民的居住、劳动、学习、交通、休息以及各种社会活动创造良好的条件。具体可以体现在以下三个方面。

（一）城市规划是城市建设法治的"龙头"

城市规划是城市政府根据城市经济、社会发展目标和客观规律，高瞻远瞩地对城市在一定时期内的发展建设所做出的综合部署和统筹安排，其目的就在于使城市布局合理，各行各业安排得当，保证城市可持续发展。因此，它是城市发展建设和管理的"龙头"。在城市整体发展过程中，城市规划是第一道工序和首要环节，是城市发展的纲，纲举目张，就像一条龙的龙头，龙头舞活了，整个龙身和龙尾才能协调地舞动起来。总之，一个科学合理的城市规划是搞好城市建设管理的前提条件，是遏制城市建设急功近利、各自为政的有效手段，是保证城市可持续发展的有效手段，关乎城市未来的发展。

（二）城市规划是依法行使政府职能，实行宏观调控的重要手段

市场经济条件下，由于建设项目、投资主体的多元化、多样化，个人、集体利益追求也随之出现多元化、多样化，公共利益受到前所未有的挑战。过去在计划经济体制下，用计划进行宏观调控的办法已经不能适应市场机制的变化。因此，政府对各项发展建设实行宏观调控的任务就落在了城市规划的编制、审批、管理之上。掌握规划的编制、审批、管理这些关口，就能够掌握在市场经济条件下进行宏观调控的主动权，实现城市资源在城市空间的合理配置。

（三）城市规划是保护历史文化、自然环境和社会公益的重要保障

在保障市场机制下，开发商总是追求利益最大化，往往还要挤占风景名胜、文物古迹和园林绿化等的用地，城市的综合功能难以形成或被削弱。在利益主体受经济利益驱动的情况下，城市环境效益和社会效益受到很大影响。加强市场机制下的城市规划，就是通过城市规划的强制性来约束规范开发商的行为，从而保护城市的历史文化、自然环境和社会公益事业的发展。总之，城市规划就是为了实现一定时期内城市经济和社会发展的目标，确定城市性质、规模和发展的方向，合理利用城市土地，协调城市空间布局、各项建设的综合部署和具体安排，依托司法、行政、经济、社会的管理手段，领导、组织城市规划的编制、审批和实施，制止和查处

违法建设行为，维护城市规划管理秩序，保障城市规划的实施和实现。

城市在国民经济中占有主导地位。城市是发展工业、商业、科学技术、文教卫生等事业的主要基地。它不仅是社会物质财富的生产基地，也是社会精神财富的生产基地。它为国家的经济繁荣提供保证。现代化城市具有现代化的道路交通、通信设施、市政设施、公用设施，有发达的文化科学、繁荣的金融、商业等，是发展政治、经济、文化的载体，肩负的任务非常艰巨。建设现代化城市，首先要有一个科学的城市规划。在充分掌握区域经济、了解规划对象的历史、现状、特色、个性、风土人情、自然地理、资源物产、交通运输、环境质量等资料的基础上，对构成城市的各种要素进行统一协调，合理布局，使城市近期集中紧凑，远期合理发展留有余地；使生产生活秩序井然，居住环境舒适，城市效益显著提高。因此，城市规划是使城市建设取得良好效益的重要手段和必不可少的保证。

四、城市规划发展趋势

21 世纪的中国城市规划首先不可忽视经济社会大背景，这一背景就是我国正处于经济社会转型过程中。同时在经济社会转型的背景之下也产生了城市规划的转型的新问题。这一转型是系统性的，又是多方位的。它意味着从计划经济体制下的"理想型静态规划"转变为市场经济体制下的"过程型动态规划"，从地域体系中的功能定位走向世界体系中的功能定位，从作为管理职能的"被动的开发控制"转变为作为经营职能的"主动的开发促进"，从价值体系的单一目标转变为价值体系的多个目标。结合对传统和现有的规划加以批判性的反思，我们必须逐渐摆脱单纯的建筑学中心范式，明确未来发展趋势。

（一）实现系统综合规划的趋势

面对城市这一复杂的巨型系统，系统全面综合地解决规划问题已经成为一种必然趋势。各学科形成合力，尤其是综合地理学、经济学、社会学、生态学、建筑景观学、土木工程学等学科的力量，城市规划者须将貌似无序的复杂问题转变为有序的复杂问题，并分解为有序的简单问题。这对规划师提出了更高的要求：一是要求规划师的知识领域要不断更新和扩大；二是要求规划师掌握系统的工程学理论和方法，自觉地进行系统思考。

（二）城市规划将行政辖区和经济区域相联系，实现双重作用的趋势

为了保证区域资源的合理利用、产业结构的合理分工、区域基础设施的统筹建设、布局城市居民郊野休闲度假、村镇居民使用现代文化、体育、卫生等设施的经济有效的建设，未来城市规划的趋势是将城市规划与非城市地区的土地规划结合起来，作为经济社会网络中的重要节点的城市，必须更进一步促进和其他平级城市节点、上下级节点间以及与周边广大镇、乡、村的区域关系，从而构成一个整体性的经济社会区域。因此，更要研究区域协调的策略，建构城乡一体、区域共生共荣、生态环境良性循环与可持续发展的区域体系。总之区域规划、城市规划、非城市地区土地利用规划之间将不再相互割裂，而是有机地统一起来，这一趋势要求从城市规划和非城市的土地规划的组织管理体制上进行改革。

（三）超越总体规划，突出规划的整体性、长期性、战略性和结构性

未来的城市规划不只是一项总体规划，还需要突出其规划的整体性、战略性、结构性以及规划效用的长期性。在社会主义市场经济的条件下，探索城市发展的战略规划，并非只要求规划能够直接发挥其建设蓝图的功能与作用，更需要重视对土地等不可再生资源的合理利用，并以此为基础指导城市空间的发展方向。这就要求把城市总体规划进一步细致化，缩短周期并建立调整、修改、完善等一整套反馈机制，从而使城市规划体现整体性和战略性，符合经济社会发展的长效利益，促进各系统、各层面的结构性和谐。

（四）强化规划管理科学化、民主化的趋势

我国部分城市规划存在着重规划、轻管理的倾向，这不符合未来发展的要求。纠正这一倾向，需要强化规划管理的科学化和民主化。规划必须对城市未来的发展给予一定的预测，其确定的发展目标则需要一步一个脚印地去实现，在这过程中，出现无法预料的各种情况在所难免。为此，在出现问题之时，规划管理将发挥其应有的作用，使之排除风险、协调矛盾、机敏应对、实现发展。管理一个城市使之平稳发展，远比规划一个理想城市要难得多。这就要求城市规划管理者提高规划管理素质，实现科学和民主的规划管理；要求具有多项能力，如社会学家的敏锐洞察能力、经济学家和金融学家的理财本领和政治家的机敏决策能力。加强规划管理，使决策科学化、民主化，这将是城市规划的必然趋势之一。

人类从传统的工业社会跨入信息社会，经历了自然环境变化、温室效应加剧、金融危机和新型病毒传播等各种危机之后，进入一个更高层次的发展阶段。维护生态平衡、发展低碳经济、保持可持续发展应当成为全人类的共同使命。发展经济和保持良好的生态环境相互统一，将先进的规划理念及时转换到城市建设的实践中去，为创造更为人性化的社会而服务是城市规划所肩负的重要使命。同时中国社会将经历城市化快速进程所带来的各种问题。我们应该借鉴各国的先进经验，抓住后发优势，努力并且尽可能避免先行者所走过的弯路，实现城市区域化、城乡现代化和城乡一体化。具有中国特色的城市化道路，根据中国自身文化历史状况来看应当是一条集约化的道路，城市规划需要抓住经济社会转型的伟大时机，实现动态规划、规划和管理的衔接，建立规划管理的决策科学化、民主化的体制，创新规划出一批高效、人性、紧凑、精致的城市，并摸索和总结出一整套系统性、具有中国特色的城市规划理念与模式。

第二节　城市规划的制定与程序

一、城市总体规划

（一）总体规划

1. 城市总体规划介绍

城市总体规划是指确定城市性质、城市规模、城市布局以及各项建设的综合部署及安排。是一项全局性、战略性、综合性、政策性且长期性的工作，在指导城市有序发展、提高建设和管理水平等方面发挥重要作用，成为一种宣言和总纲，相当于城市建设与发展的"宪法"。

城市总体规划是引导和调控城市建设，保护和管理城市空间资源的重要依据和手段。经法定程序批准的城市总体规划文件，是编制近期建设规划、详细规划、专项规划和实施城市规划行政管理的法定依据。各类涉及城乡发展和建设的行业发展规划，都应符合城市总体规划的要求。制订城市总体规划必须正确处理好局部与整体、近期与长远、经济建设与社会发展、城市建设与环境保护之间的关系。推动城市发展模式从粗放型向集约型转变，促进经济、社会与资源环境协调且可持续发展。城市总体规划的编制应考虑当地的社会经济发展情况、自然条件、资源条件、历史背景、现状特点等，统筹兼顾、综合协调，贯彻可持续发展、合理布局、集约发展、保护优先的原则。

城市总体规划需要考虑的四个关系：

（1）城市与区域的关系。在城市化的推动下，城市群、大都市连绵区不断地出现，城市是区域中的一个组成部分。总体规划要充分分析城市在区域中的地位与作用，处理好城市与区域的关系，协调好区域重大基础设施的布局。

（2）城市发展与资源环境的关系。城市化的进程带来了城市规模的扩展，但城市的扩展可能造成对生态环境的侵蚀，对资源的过度占用。这是城市可持续发展考虑的重要方面。

（3）城市与乡村的关系。城市与乡村是一个同一体。城市与乡村不仅具有经济联系，而且因受城市化的影响，乡村人口不断向城市迁移。人口的迁移不仅是经济问题，也是制度与法律问题。

（4）远期与近期的关系。城市发展是逐步推进的，城市总体规划既要协调好长期与近期的关系，也要谋划好长期与远期的关系。

城市规划纲要可以概括为以下十二点：

（1）对市和县辖行政区范围内的城镇体系、交通系统、基础设施、生态环境、风景旅游资源开发进行合理布置和综合安排。

（2）确定规划期内城镇人口及用地规模，划定城市规划区域范围。

（3）确定城市用地发展方向和布局结构，确定市、区、中心区位置及功能分区。

（4）确定城市交通系统的结构和布局，编制城市交通运输和道路系统规划，确定主要广场、停车场及主要交叉路口形式。

（5）确定城市供水、排水、防洪、供电、通信、燃气、供热、消防、环保、环卫等设施的发展目标和总体布局，并进行综合协调。

（6）确定城市河湖水系和绿化系统的治理、发展目标和总体布局。

（7）根据城市防灾要求，做出人防建设和抗震防灾的规划。

（8）确定需要保护的自然地带、风景名胜、文物古迹、传统街区，划定保护和控制范围，提出保护措施。另外，历史文化名城还应编制专门的保护规划。

（9）确定旧城改造用地调整的原则、方法和步骤，提出控制旧城人口密度的要求和措施。

（10）对规划区内的农村居民点、乡镇企业等建设用地和蔬菜、牧场、林木花果、副食品基地做出统筹安排，划定保留的绿化地带和隔离地带。

（11）进行综合技术经济论证，提出规划实施步骤和方法的建议。

（12）编制近期建设规划，确定近期建设目标、内容和实施部署。

2. 确定城市性质

城市性质的确定是城市规划最基础、最根本的内容，确定城市性质就是综合分析城市的主导因素和特点，明确城市的主要职能，指出其发展方向。一般可以从三个方面来认识和确定：一是城市的宏观综合影响范围和地位。城市的区域功能作用的范围可以分为国际性、全国性、地方性或流域性等。城市的地位可分为中心城市、交通枢纽、能源基地、工业基地等。二是城市的主导产业结构。通过对主要部门经济结构的系统研究，拟定具体的发展部门和行业方向。可以采用规范的经济统计数据，分析认识主导产业，如钢铁、汽车工业的地位突出，则可以将城市定位为以钢铁工业、汽车工业等为主的城市。三是城市的其他主要职能和特点。其他主要职能是指在以政治、经济、文化中心作用为内涵的宏观范围分析和以产业部门为主导的经济职能分析之外的职能，如历史文化属性、风景旅游属性、军事防御属性等。同时，城市自身资源条件、自然地理条件、建设条件和历史及现状的基础条件，也是确定城市性质的重要考虑因素。城市性质的确定就是在综合上述三个方面的基础上，进行对应的具体表述。比如杭州市城市性质为"长江三角洲中心城市之一，浙江省省会和经济、文化、科教中心，国家历史文化名城和重要的风景旅游城市"。

在确定城市性质时，还应注意以下三个方面：一是城市性质和城市职能是既有联系又有区别的概念。城市性质是最主要、最本质职能的反映，是对城市职能中的特殊职能、基本职能、主要职能的综合概括。城市职能一般是通过城市现状资料的分析，对城市现状客观存在职能的描述。二是确定城市性质要从区域视角，采取定量和定性分析的方法。三是城市性质的表述要准确、简练、明确，要突出特色，避免罗列。综上，在确定城市性质时，要避免两种倾向：一是以城市的共性作为某城市的性质；二是对市的主次职能未加以区分，或者片面强调生产而忽视其他职能，从而失去指导和规划建设的意义。城市性质的确定需要从两个方面着手：一方面，城市性质可以依据城市在国民经济发展中的职能来确定，即一个城市在国家或者地区的政治、经济、社会、文化生活中的地位和作用，城市的国民经济和社会发展规划对城市性质的确定起着决定性的作用。另外，与国民经济发展计划密切相关的区域规划则规定了区域内城镇的合理分布以及城市的职能分工，这也是分析城市性质的重要依据。另一方面，城市性质可以从城市形成和发展的基本因素中去认识。城市所在区域的历史情况、地理环境、资源条件、现状特点以及建设方针等要素都在很大程度上影响着城市的性质。城市性质由城市形成和发展的主导影响因素以及主要产业和职能来体现，更多地反映出某城市相对于其他城市的个性与差异性。例如，鞍山市的主要职能是全国的钢铁基地之一，"钢都"就是它的城市性质。再如青岛市，其主要职能是外贸海港，兼有纺织机械、国防、疗养、海洋科学研究等多项职能，但因其主要职能是前者，所以青岛的城市性质被确定为"港口城市"。可见，城市性质侧重表现的是城市的主导职能和个性，而相对弱化其普遍、共性的职能。

中国城市性质的划分，大体有以下五类。

（1）工业城市

工业城市以工矿业为主，工业用地及对外交通运输用地占有较大的比重。这类城市又可分为两类：多种工业的城市，如株洲、常州、沈阳、黄石；单一工业为主的城市：①石油化工城市，如大庆、东营、玉门、茂名等。②森林工业城市，如伊春、牙克石等。③矿业城市（采掘工业城市），如抚顺、淮南、六枝。④钢铁工业城市，如鞍山、攀枝花等。

（2）交通港口城市

这类城市往往是由于对外交通运输发展起来的，交通运输用地在城市中占有很大的比重。铁路枢纽城市，如徐州、鹰潭、襄阳等；海港城市，如塘沽、湛江、大连、秦皇岛等；内河港埠城市，如宜昌、九江等；水陆交通枢纽城市，如上海、武汉等。

（3）各级中心城市

各级中心城市一般都是省城及专区所在地，是省和地区的政治、经济、文教、科研中心。全国性的中心城市有北京、上海、天津等，地区性的中心城市主要是省会、自治区首府等。

（4）县城

这类城市是联系广大农村的纽带，是工农业物资的集散地，其工业多为利用农副产品加工和为农业服务的工业。这类城市在中国城市之中数量最多，是全县的政治、经济和文化中心。

（5）特殊职能的城市

特殊性表现在其职能具有与众不同的特征，具体可以划分为：革命纪念性城市，如延安、遵义、井冈山茨坪镇等；风景游览、休疗养为主的城市，如青岛、桂林、苏州、敦煌、北戴河、黄山、泰安等；边防城市，如二连浩特、黑河、凭祥等；经济特区城市，如深圳、珠海、厦门等。

当然，与城市的类型相对应，城市的性质并非一成不变，而是随着国家社会、政治、经济发展环境等外部条件的变化而相应调整，不断适应新形势的需要。而且，城市的性质并非表示该城市的职能高度单一，只是反映在城市的诸多职能中那些优势相对突出的主导职能，或者具有较大的发展潜力，有待于进一步培育的职能。总之，城市的性质指明了城市未来发展的总体方向。

3. 确定城市规模结构

城市规模是指在城市地域空间内聚集的物质与经济要素在数量上的差异和层次性，它主要包括城市人口规模、经济规模、土地利用规模这三个互相关联的有机组成部分。由于人口规模能够在一定程度上决定和反映经济规模和土地利用规模，因此一般提到的城市规模往往是指城市人口规模。各国对城市规模的划分标准也不尽相同，如联合国将 2 万人作为划定城市的最低标准；10 万人和 100 万人分别作为划分大城市和特大城市的最低人口标准。另外，由于城市的地理界线可能与行政界线不一致、城市户籍人口与常住人口的不一致等问题，城市也用多个尺度度量城市的规模，以用于不同的分析目的。我们分析中国城市发展状况时常用《中国城市统计年鉴》，其中对城市人口的分析就分为"全市"和"市辖区"两个度量维度，而在《中国城市建设统计年鉴》中的人口规模是指"城区人口"规模，并在其中单列了"非农业人口"规模，对土地规模进行分析时区分了"城区面积""建成区面积""城市建设用地面积"三个度量维度。行政区域土地面积指辖区内的全部陆地面积和水域面积。建成区面积指城市行政区内实际已成片开发建设、市政公用设施和公共设施基本具备的区域。城市建设用地面积指城市内的居住用地、公共管理与公共服务设施用地、商业服务业设施用地、工业用地、物流仓储用地、道路交通设施用地、公用设施用地、绿地与广场用地等面积之和。

城市到底应该有多少人口、多大的建设用地才是最合适的？这一直都是城市经济学研究中的重要问题，也是城市政策制定的基础。城市规模带来的净集聚效应不是线性增加的，而是呈现随规模增长而先增后减的倒 U 型变化。在城市发展的前一阶段，需要有一定的人口规模才能保证城市经济发挥作用、城市公共服务供给高效率等，因此规模增长带来正的收益。杰弗里·韦斯特认为，城市也有类似生物体新陈代谢的规模缩放效应，比如城市规模增加1倍时，城市所需要的加油站数量只需要增加85%，这说明了城市规模对基础设施的使用效率的提高作用。当城市人口规模达到一定程度之后，其资源配置能力、人才集聚能力、话语权等都会呈指数级增长。因此，城市规模的增长有不断自我强化的特征。但是当规模过大时又会由于地租上涨、环境恶化、通勤成本提高等原因而发生效率的损耗。

从理论上来讲，城市是有一个适度规模的，也就是使城市的边际收益和边际成本相均衡的规模。当然，城市适度规模不是一成不变的，随着交通技术、生态环境治理技术等的创新，城市可能拥有更大的承载力，也就是更高的城市适度规模。

（二）城市规划任务

我国城市规划的目的是，把我国的城市建设成为现代化的高度文明社会主义城市，不断改善城市生活条件和生产条件，促进城乡经济和社会发展。城市是社会主义建设的重要组成部分，我国实现现代化的过程，也是把城市建设成为现代化、高度文明的社会主义城市的过程。城市规划是城市建设的蓝图，所以必须把城市规划做得科学合理，以适应人民物质文化生活提高的要求，为人民创造清洁、优美的工作和生活环境，使城市成为建设物质文明和精神文明的重要阵地。

由此可见，我国的城市规划，是为社会主义生产服务的，也是为全体人民生活服务的，这是我们城市规划工作的出发点和归宿。我国城市规划的任务是：根据国家城市发展和建设的方针，经济技术政策，国民经济和社会发展长远计划，区域规划，以及城市所在地区的自然条件、历史情况、现状特点和建设条件，布置城镇体系；合理地确定城市在规划期内经济和社会发展目标，确定城市的性质、规模和布局；统一规划，合理利用城市的土地；综合部署城市经济、文化、公共事业及战备等各项建设，保证城市有秩序、协调地发展。

城市的建设和发展是一项庞大的系统工程，而城市规划是引导和控制整个城市建设和发展的基本依据和手段。城市规划的基本任务，是根据一定时期内经济社会发展的目标和要求，确定城市的性质、规模和发展方向，统筹安排各类用地和空间资源，综合部署各项建设，以实现经济和社会的可持续发展。城市规划是城市建设和发展的"龙头"，是引导和管理城市建设的重要依据。

1. 城市规划的主要任务

（1）从城市整体和长远的利益出发，合理、有序地配置城市空间资源。
（2）通过空间资源配置，提高城市运作效率，促进经济和社会的发展。
（3）确保城市的经济社会发展与生态环境相协调，增强城市的可持续性。
（4）建立各种引导机制和控制机制，确保各项建设活动与城市发展目标相一致。
（5）通过信息提供，促进城市房地产市场的有序和健康运作。

2. 我国当前城市规划的基本任务

（1）深入开展城市规划的研究工作。
（2）完善城市规划编制工作，提高规划质量和水平。

（3）加强立法工作，完善城市规划法规体系。

二、城市规划的编制

（一）编制原则

城市规划一般分为总体规划和详细规划两个阶段。总体规划是城市发展和各项建设的综合部署；详细规划是总体规划的深化和具体化。比如大中城市为了进一步控制和确定不同地段的土地使用性质、范围和容量，协调各项基础设施和公共设施的建设，可以在总体规划基础上编制分区规划。编制和实施城市规划的基本原则如下。

1. 统筹兼顾，综合部署

城市规划的编制应当依据国民经济和社会发展规划以及当地的自然地理环境、资源条件、历史情况、现实状况和未来发展要求，统筹兼顾，综合部署。要处理好局部利益与整体利益、近期建设与远期发展、需要与可能、经济发展与社会发展、城乡建设与环境保护、现代化建设与历史文化保护等一系列关系。在规划区范围内，土地利用和各项专业规划都要服从城市总体规划，同时城市总体规划应当和国土规划、区域规划、江河流域规划、土地利用总体规划相互衔接与协调。

2. 协调城镇建设与区域发展的关系

随着经济的发展，城市与城市之间、城市与乡村之间的联系越来越密切。区域协调发展已经成为城乡可持续发展的基础。城镇体系规划是指导区域内城镇发展的依据。要认真抓好省域城镇体系规划编制工作，强化省域城镇体系规划对全省城乡发展和建设的指导作用。制定城镇体系规划，应当坚持做到以下三点：一是从区域整体出发，明确城镇的职能分工，引导各类城镇的合理布局和协调发展；二是统筹安排和合理布置区域基础设施，避免重复建设，实现基础设施的区域共享和有效利用；三是限制不符合区域整体利益和长远利益的开发活动，保护资源、保护环境。

3. 促进产业结构调整和城市功能的提高

我国经济发展面临着经济结构战略性调整的重大任务。城市规划要按照经济结构调整的要求，促进产业结构优化升级。合理调整用地布局，优化用地结构，实现资源合理配置和改善城市环境的目标。

4. 合理和节约利用土地与水资源

我国以世界平均水平 1/3 的人均耕地、1/4 的人均水资源支持了全球 22％人口的温饱和经济发展；"珍惜用地、合理用地、保护耕地"是我国的基本国策，城市规划必须全面贯彻这一国策。

5. 保护和改善城市生态环境

保护环境是我国的基本国策，也是城市规划的一项基本任务。逐步降低城市中心区密度，城市布局应有利于生态环境建设，加强污染项目的控制与管理、加强城市绿化规划与建设、增强城市污水和垃圾处理能力。

6. 正确引导小城镇的建设和发展

加快小城镇发展是实现城镇化进程的重要途径。要坚持"统一规划、合理布局、因地制宜、综合开发、配套建设"的方针。

7. 保护历史文化遗产

保护文化遗产，延续历史文脉，提高城市的价值和文化素质；加强文保单位的保护（保存历史的原貌和真迹、保存文物古迹的历史环境）；保护好代表城市传统风貌的历史文化保护区；制定历史文化名城保护规划。

8. 加强风景名胜区的保护

按照"严格保护、统一管理、合理开发、永续利用"的原则，处理好保护和利用的关系。位于城市规划区内的风景名胜区应当纳入城市的总体规划。搞好风景名胜区工作，前提是规划（合理确定开发利用的限度及旅游发展的容量），核心是保护，关键在管理。

9. 塑造富有特色的城市形象

城市的风貌和形象是城市物质文明和精神文明的重要体现。城市形象的塑造要通过城市设计的手段来实现。

10. 增强城市抵御各种灾害的能力

城市防灾包括防火、防爆、防洪、防震等；各种流行病毒的大面积传播，要求我们更加关注区域与城市的公共卫生安全。

（二）完善城市规划制定的程序

从世界各国规划实践的发展来看，城市规划的制定已逐步凸显出一大特征，即城市规划作为政府公共政策之一，其制定越来越注重公共选择的制度化和法治化。

《中华人民共和国城乡规划法》中规定城市规划实行分级审批制度：直辖市的城市总体规划由直辖市人民政府报国务院审批；省和自治区人民政府所在地城市、城市人口在一百万以上的城市及国务院指定的其他城市的总体规划，由省、自治区人民政府审查同意后，报国务院审批；除前面规定外的设市城市和县级人民政府所在地的总体规划，报省、自治区、直辖市人民政府审批，其中，市辖的县级人民政府所在地镇的总体规划由市人民政府审批。所有的城市总体规划在上报上级政府审批之前，必须经同级人民代表大会或其常务委员会审查同意。城市分区规划由城市人民政府审批。城市详细规划由城市人民政府审批，若编制有城市分区规划，除重要的详细规划由城市人民政府审批外，其余由城市人民政府城市规划行政主管部门审批。对城市总体规划进行局部调整，报同级人民代表大会常务委员会和原批准机关备案；若涉及重大变更，必须按照制定审批程序进行审批。在《城市规划编制办法》中规定编制城市规划应当进行多方案比较和经济技术论证，并广泛征求有关部门和当地居民的意见。

三、城市规划过程

城市规划是城市政府为达到城市发展目标而对城市建设进行的安排，尽管由于各国社会经济体制、城市发展水平、城市规划的实践和经验各不相同，城市规划的工作步骤、阶段划分与编制方法也不尽相同，但基本上都按照由抽象到具体，从发展战略到操作管理的层次决策原则进行。一般城市规划分为城市发展战略和建设控制引导两个层面。其中，城市发展战略层面的规划主要是研究确定城市发展的目标、原则、战略部署等重大问题，表达的是城市政府对城市空间发展战略方向的意志，当然在一个民主法制社会，这一战略必须建立在市民参与和法律法规的基础之上。城市规划工作可分为两个阶段和五个层次。两个阶段：总体规划阶段和详细规划阶段。五个层次：市（县）域城镇体系规划；城市总体规划纲要；城市总体规划；控制性详细规划；修建性详细规划。

城市规划从收集编制所需要的相关基础资料，编制、确定具体的规划方案，到规划的实施以及实施过程中对规划内容的反馈，是一个完整的过程。从广义上来说，这个过程是一个不间断的循环往复的过程。但从城市规划所体现的具体内容和形式来看，城市规划工作又相对集中在规划方案的编制与确定阶段，呈现出较明显的阶段性特征。大体步骤依次为规定城市规划区、设定规划目标、调查分析、编制规划方案、编制建设方案、编制法定城市规则。

其中需要考虑土地利用、道路交通、公园绿地、城市设施、城市环境等规则，同时也要了解公共投资计划、民间投资引导等内容。

（一）城市规划调查

调查研究是城市规划必要的前提工作，没有扎实的调查研究工作，缺乏大量第一手资料，就不可能认识对象，也不可能制定合乎实际、具有科学性的规划方案。实际上，调查研究的过程也是城市规划方案的孕育过程。调查研究是对城市从感性认识上升到理性认识的必要过程，调查研究所获得的基础资料是城市规划定性、定量分析的主要依据。"调查—分析—规划"，是城市规划的基本方法。

1. 调查内容

（1）区域环境：不同的规划阶段有不同的区域范围，均需将所规划的地域纳入更广阔的范围统筹研究。

（2）历史文化环境：通过对城市形成和发展过程的调查，把握城市发展动力及城市形态的演变原因。

（3）自然环境：是城市生存和发展的基础，涉及自然地理环境、气象和生态因素。

（4）社会环境：包括人口（年龄结构及变迁）、社会组织和社会结构。

（5）经济环境：整体经济状况（经济总量、产业结构、三种产业比重）；各产业部门的状况；土地利用经济状况。

（6）经济分析：城市建设资金的筹集、安排与分配。

（7）市政基础设施：各种市政设施的"源"及其管网的调查。

（8）土地利用现状调查：各类土地的界限、用地性质。

2. 调查方法

（1）现场踏勘或观察：这是最基本的手段，用于土地利用、城市空间结构、交通量的调查。

（2）抽样、问卷调查：了解民意，公众参与。

（3）访谈和座谈会：面对面交流，掌握"活"的资料。

（4）文献资料的运用：了解历史及相关研究成果。

（二）城市规划分析

1. 定性分析

城市规划常用的定性分析方法有两类：因果分析法。排列相关因素，发现主要因素，找出因果关系，如城市发展方向的选择。比较法。在城市规划中还常常会碰到一些难以定量分析但又必须量化的问题，对此常用比较法。例如确定新区或新城的各类用地指标可参照相近的同类已建城市的指标。

2. 定量分析

频数和频率分析；集中量数分析；离散程度分析；一元线性回归分析。

3. 空间模型分析

模型（可以用图纸表达）；投影法——平面图、剖面图、立面图，用于规划管理和实施；透视法——透视图、鸟瞰图，用于效果表达；概念模型（一般用图纸表达，用于分析和比较）；几何图形法——分析空间要素的特点与联系，如功能结构分析；等高线图——用于交通可达性分析；方格网法——常用于环境、人口的空间分布等；图表法——常用于经济、社会各种因素的比较分析。

第三节　城市基本规划

一、城市基本规划工作

（一）基本工作内容

城市总体规划应当与国土规划、区域规划、江河流域规划、土地利用总体规划相协调和衔接。在建设用地上不得突破土地利用总体规划确定的规模和范围。

城市基本规划工作需要注意：城市的发展建设，要按照经济、社会、人口、资源和环境相协调的可持续发展战略，不断增强城市功能，充分发挥中心城市作用，将城市逐步建设成为经济繁荣、社会文明、科教发达、设施完善、环境优美的经济、技术、科技、文化的中心；在城市规划区范围内实行城乡统筹规划，加强统一规划管理，要根据市域内不同地区的条件，按照统筹城乡发展、调整产业结构、合理安排基础设施、改善生态环境的要求，形成独具特色的市域空间布局结构；城市发展要坚持集中紧凑的模式，强化集约用地和节约用地，充分重视岸线和城市地下空间的合理开发利用，同时采取切实措施保护好耕地特别是基本农田，防止水土流失、土壤沙化；规划建设要注意与地区发展规划的协调，加强区域性基础设施建设，促进产业结构的合理调整和资源优化配置；规划建设若干特色鲜明的功能区，构建合理的空间布局；坚持节流、开源、保护并重的原则，加强水资源、能源的节约，严格控制污染物排放总量，重点解决城市煤烟、汽车尾气、工业废气和烟尘污染问题；要加快污水处理厂的建设，加强绿化建设，形成各类绿地有机结合的多功能绿地系统，不断改善城市环境质量；加强与有关部门的协调，做好港口、机场、高速公路和高速铁路的规划建设，发挥交通枢纽作用；要建立和形成完善的城市减灾体系；要坚持以人为本，做好有关人民群众切身利益的（如交通、教育、医疗等）公共服务设施的规划布局，切实满足人民群众的需要，创建宜居环境；规划要注意严格保护历史文化遗产。

（二）城市基本规划特点

21世纪是一个知识经济光大，生产能力很高，生活水平提升，人类社会走向高度信息化、社会化、市场化、法治化、生态化的世纪。其城市规划特点大致体现在五个方面。

1. 现代化

现代化是城市发展的共同目标，优美环境是城市发展的本质追求，个性特色是城市发展的客观选择，可持续发展是城市发展的生命法则，进一步开放是城市发展的必然趋势。我国具有五千年的文明史，不少城市具有悠久的历史和传统文化，这是城市的骄傲与财富，延续历史文脉，弘扬传统文化，体现民族精神，提高文化素养，同样是现代化城市建设的重要内容。

2. 体系化

我国城市规划之树，经过半个世纪的风吹雨打和社会实践，已经成为一棵有枝有叶、根深叶茂的大树。应当相信，21世纪的城市规划之树一定会茁壮成长，干壮枝强，开花结果，并建立健全我国自己的城市规划体系。其体系的构成主要表现在三个方面：一是建立健全城市规划设计体系；二是建立健全城市规划法规体系；三是建立健全城市规划管理体系。体系化是我国城市规划完善的必然结果。

3. 规范化

中华人民共和国的城市规划经历了半个世纪的摸索、充实、拓展和实践的检验，城市规划体系框架业已形成。但是，各类规划的内容深度、表现形式、质量要求、审批尺度、实施管理程序等还因地而异，往往因编制者、审批者、管理者的认识不同而五花八门，因此需要加以规范。不规范的规划，难免出现认识不一、深浅不一、步调不一，甚至无的放矢，各持己见，争执扯皮，事倍功半。为统一认识、统一尺度、统一步调，提高城市规划的科学性、权威性和有效指导作用，规范化已成为城市规划发展到今天的客观需要和时代要求，无疑是城市规划走向成熟的重要标志。城市规划的规范化，包括内容的规范化、形式的规范化和实施管理手段的规范化，其中主要应抓住规划编制的规范化、审批程序的规范化和实施规划管理的规范化三个环节。当然，随着市场经济的深入发展和21世纪城市现代化建设的高要求，城市规划的内容丰富了、涵盖面扩大了、针对性强了、深度明确化了，指标体系也发生了很大的变化，表现形式更加多样化、现代化、形象化，规划质量有了比较大的提高，尤其是电脑的运用，使规划文本和各种图纸质量发生了飞跃性的提高。

4. 个性化

长期以来，由于过去生产力不高、人民生活水平有限和思想政治领域的阶段斗争化，从主观上到客观上，城市规划主要在城市性质、规模、社会经济发展目标和功能分区、空间布局上做文章，对城市形象美的塑造、环境艺术的讲究、城市特色的重视和历史文化的保护，以及建筑风格的多样化等强调不够，城市的个性化问题较为忽视，形成了我国城市面貌的千篇一律，百城一面，十分雷同，缺乏个性风采。从"城市要发展，特色不能丢"的提出到今天城市形象成为热门话题，我国城市发展建设呈现出一个由突出共性到突出个性的历程，城市个性化将成为深化城市规划的一个重要内容和需突出的特点。

5. 公开化

过去，城市规划被看作是城市领导、专家学者和专业技术人员的事，再加上保密的要求，给城市规划蒙上了一层神秘的色彩，老百姓很少问津。自《中华人民共和国城市规划法》规定城市总体规划批准后进行公布和国有土地使用权出让转让、房地产开发以及市场经济发展的需要，杜绝不正之风，城市规划已经向社会敞开了大门，进入广大群众的视野之中，接受公众的问询和监督，提高了城市规划的透明度和公开性。应该说，这是公众认识规划、参与规划、支持规划，规划走向公开化的开始，随着城市规划的进步，要求21世纪城市规划的公开化呈现新的局面。

二、城市基本规划管理

（一）土地管理

1. 土地管理问题

土地管理是国家为维护土地制度，调整土地关系，合理组织土地利用所采取的行政、经济、法律和技术的综合措施。一般而言，国家把土地管理权授予政府及其土地行政主管部门。因此，土地管理也是政府及其土地行政主管部门依据法律和运用法定职权，对社会组织、单位和个人占有、使用、利用土地的过程或者行为所进行的组织管理活动。

土地是人类生存、发展最基本的物质条件，有着巨大的不可替代的功能。土地为人类活动提供场所，为城市建设提供地基和空间。城市的一切活动都离不开土地，都需要土地这个载体。土地作为一种自然资源，不能再生。土地还有不能移动的特性，一旦利用于社会生产，既是生产过程的物质条件，又是生产关系的物质基础。土地归谁所有，归谁使用，构成了社会生产关系的主要内容。城市土地，一般是指城市规划区内的土地，而不是指城市行政区内的所有土地。

土地管理的主体，是各级政府和土地行政主管部门；土地管理的客体，是土地及土地利用中产生的人与人、人与地、地与地之间的关系；土地管理的任务，是维护土地公有制、调整土地关系、合理组织土地利用、监督土地利用；土地管理的手段，有行政、经济、法律、技术等；土地管理的职能方法，有计划、组织、协调、控制等。

2. 土地管理的内容

城市土地管理是城市政府根据国家有关城市土地的法律法规，对城市土地占有、分配、使用进行规划、组织、控制和监督。城市土地管理分为土地规划管理和土地地政管理。

（1）土地规划管理

土地规划管理，是城市规划管理的基本任务。

城市土地规划管理的核心，是保证城市土地严格按照城市规划的科学安排，合理加以利用。土地规划管理的任务是：合理规划土地的利用；审批建设用地和临时用地；确定用地位置、用地面积和范围；办理划拨土地手续，发放用地许可证；对改变土地使用性质和违反城市规划的行为实行检查、监督和处理。

土地规划管理，应按照批准的城市规划，实行统一管理。各城市要严格按照城市规划对各项建设用地进行安排，珍惜保护用地，合理节约用地。

（2）土地地政管理

其主要任务是：进行土地清查、登记，发放权属证书；负责土地测绘，建立地籍档案和地籍管理；制定土地使用费标准，征收土地使用费；办理建设用地的征用、拆迁、安置、补偿工作；对私自买卖、出租土地等违法行为进行监督和处理。

城市土地规划管理和地政管理，关系密切，相辅相成。既要分工，各尽其责；又要合作，相互配合，做好衔接工作。

（二）交通管理

1. 交通管理问题

交通是城市形成和发展的重要推动力。早期的城市通常建立在交通便捷的地方，便于货物集散、人员往来和信息沟通。保持空间可达性是交通的首要目的，空间可达性程度通常用出行费用和出行时间两个指标来衡量，出行费用过高或出行时间过长都使空间可达性失去意义。城市空间可达性包括内部可达性和外部可达性，对于一个现代化的大城市而言，内部可达性问题的复杂程度可能远超外部可达性。城市内部可达性与城市交通密度及其管理是息息相关的，在某一特定时间，交通网络的结构和能力影响了城市内部交通的便易程度。

进入工业社会以后，城市化进程加快，城市越来越拥挤，交通堵塞成为流行的"城市病"。交通堵塞表现在交通供给与需求之间存在缺口或者结构失衡。在提高交通效率、保持空间可达性上，虽然没有一个城市能够宣称完全解决交通问题，但是世界上的城市并没有放弃解决交通问题的探索，有些城市在某些方面取得了一定的成功。这些城市或是在交通管理体系建设方面取得一定经验，或是在交通需求管理方面卓有成效，或是在交通供给管理方面获得成功，其结果是明显地改善了交通质量，提高了空间可达性。

2. 交通管理内容

（1）制定合理的城市交通发展规划与政策

城市交通发展政策应该立足于城市空间结构、人口分布和交通现状，与城市发展战略相适应。交通发展政策对城市交通发展具有直接的指引作用，有利于改善城市交通方式结构、运行效率和服务质量等。

（2）加强城市交通机构建设

交通管理机构薄弱是导致发展中国家城市交通能力差的原因。城市交通管理机构的弱点主要表现在缺乏技术能力、职能协调和运营协调都不理想等。

第一，交通管理机构的技术能力不足。发展中国家负责城市交通的机构，无论是地方级还是国家级的，一般都缺乏充足的专业技能。这些机构也许有足够的公路工程师或建筑工程师，但其他的专业技术人员如交通工程师、交通规划人员、经济学家等往往短缺。即便存在素质过硬的技术人员，要么是身处自己技术领域外的管理职位，要么所在单位行政、管辖或职能方面的局限限制了其运用自己专业知识的范围。最终的结果是由没有受过交通培训的官员做出重要的交通决策。

第二，交通系统机构职能协调存在问题。城市交通改进依赖于整个交通系统，而涉及交通系统的机构不仅限于城市内部的交通机构，还包括涉及交通规划工作的所有职能部门。例如，仅仅增加城市道路容量是无法避免交通堵塞的，只会对不同交通方式产生影响。一个城市的交通综合发展战略通常涉及城市土地使用开发、城市规划、环境规划、道路规划、交通管理、公交运输规划等方面。与这些领域相关的职能分别隶属于不同机构，要提高整个交通系统的运行效率，必须消除机构之间职能协调的障碍。

（3）积极实施交通需求管理

交通需求包括城市居民通勤需要、生活出行需要和经济贸易运输需要。从本质上讲，交通需求是一种派生需求，主要来自贸易、通勤和生活的增长。因此，对交通需求进行管理要沿着这样的思路：既要对交通需求自身进行直接调控，又要进行间接调控，通过对相关领域进行有效规划和管理来减少派生的交通需求。

交通需求造成交通拥挤的主要原因是交通需求规模的增长和交通需求结构的失衡。交通需求规模增长指由于经济增长和改善生活水平需要导致交通需求量快速增长，一旦需求规模增速超过交通供给临界点，交通失控则不可避免。交通需求结构失衡表现在交通空间结构和交通出行方式结构不合理，过多的交通需求聚集在中心城区等局部空间，私人交通需求增长过快等。因此，交通需求管理的内容既包括交通需求规模控制，又包括交通需求结构调节。交通需求管理的思路是通过合理配置交通资源，调整交通需求在时间、空间和不同运输方式中的合理分布，从而实现人、车、路、资源、环境等方面的相对平衡和可持续发展。

从世界城市交通需求管理的实践来看，主要包括三类：一是对私人交通进行限制，包括限制私人拥有的汽车、征收交通拥挤费等措施；二是对公务车使用进行限制；三是通过城市基础设施规划引导交通，包括停车场建设、住宅规划等。

（三）环境管理

城市是人类利用和改造环境而创造出来的一种高度人工化的地域，是人类经济活动的集中点，是非农业人口大量聚居的地方；是以空间和环境利用为基础，以聚集经济效益为特点，以人类社会发展为目的的一个集约人口、经济、科学文化的空间地域的系统，是一个复杂的巨大系统。它包括自然生态系统、社会经济系统与地球物理系统，这些系统相互联系、相互制约，共同组成庞大的城市系统。城市环境中的自然生态系统是不独立和不完全的生态系统（系统内生产者有机体不足，分解者有机体严重匮乏，能量和物质靠外部输入），社会经济系统起着决定性的作用。从系统的角度看，所谓"城市环境管理"就是通过调整城市中的物质流和能量流，使城市生态系统得到良性运行。随着城市化的迅速发展，人口也在迅速地向城市集聚。21世纪初，全球人口近一半以上生活在城市地区，到2025年这个比例将超过2/3。快速城市化的结果是非常严重的，尤其是在发展中国家。在快速的城市化增长和城市人口增加的同时，会造成食品、住宅和服务的短缺，并由此形成城市的不健康生活环境。城市利用和消耗着大量的自然资源，相应地产生大量的污染物，使城市环境超过了自身及其周围的净化能力，从而受到了严重的破坏和污染。

1. 城市环境及环境效应

城市环境指影响城市人类活动的各种自然的或人工的外部条件。用生态学的观点来研究城市环境，主要内容有三项：人口、经济和自然环境的关系；自然资源的开发和利用；污染物的排放、控制和治理。城市环境包括城市自然环境和城市人工环境，前者是城市赖以存在的地域条件，后者是实现城市各种功能所必需的物质基础设施。狭义的城市环境主要指物理环境。广义的城市环境除了物理环境外，还包括人口分布及动态、服务设施、娱乐设施、社会生活等社会环境；资源、市场条件、就业、收入水平、经济基础、技术条件等经济环境，以及风景、风貌、建筑特色、文物古迹等景观环境（美学环境），城市的社会环境为满足人类在城市中的各类活动提供条件；城市的经济环境反映城市经济发展的条件和潜势；城市景观环境（美学环境）则是城市形象、城市气质和城市韵味的外在表现和反映。

环境效应指在人类活动或自然力作用于环境后所产生的各种效果在环境系统中的响应。城市环境效应则是城市人类活动给自然环境带来一定程度的积极影响和消极影响的综合效果，主要包括：

（1）污染效应

污染效应指城市人类活动给城市自然环境所带来的污染作用及其后果。城市环境的污染效应在一定程度上受城市所在地域自然环境状况的影响，还有城市性质、规模、城市产业结构及城市能源结构类型等都在一定程度上影响了城市污染效应的状况。

（2）生物效应

生物效应指城市人类活动给城市中除人类之外的生物的生命活动所带来的影响。当今世界上城市中除人类以外的生物有机体大量地、迅速地从城市环境中减少、退缩以至消亡，这是城市化以及城市人类活动强度对城市各类生物的冲击所致，也是城市生态恶化的重要原因之一，同时也是目前城市环境生物效应的主要表现。但是目前城市环境生物效应并非无法解决，在采取有效措施后，各类生物是能与城市人类共存共生的。

（3）地学效应

地学效应指城市人类活动对自然环境（尤其是与地表环境有关的方面）所造成的影响，包括土壤、地质、气候、水文的变化及自然灾害等，现代城市热岛效应、城市地面沉降、城市地下水污染也都属于城市环境的地学效应。

（4）资源效应

资源效应指城市人类活动对自然环境中的资源，包括能源水资源、矿产、森林等的消耗作用及其程度。城市环境的资源效应体现在城市对自然资源极大的消耗能力和消耗强度方面，反映人类迄今为止具有的以及最新拥有的利用资源的方式，城市人类对此具有不可推卸的责任。

（5）景观（美学）效应

城市中人类为满足其生存、繁衍、活动之需，构筑了各种人工环境，并形成了形形色色的景观。这些人工景观在美感、视野、艺术及游乐价值方面具有不同的特点，对人的心理和行为产生了潜在的作用和影响。城市环境的景观（美学）效应是包含城市物理环境与人工环境在内的所有因素的综合作用的结果。

2. 城市环境标准

城市环境作为人类环境的重要组成部分，指城市区域所形成的环境。城市中，由于人口密集，工业和交通发达，人类活动所引起的环境污染与破坏也最为严重，所以城市环境存在的问题极多。城市环境质量状况是由城市性质和工业结构所决定的。城市的总体布局、交通和其他公用设施的部署、居民区和城市绿地的建设、能源与动力的利用等，都直接影响城市的质量。为改善城市环境，必须控制城市人口的密度，加强城市规划，合理布局工业和交通设施。组成城市环境的各种要素及环境的主体——人类之间，总是处于动态平衡之中。在不同的经济发展时期，环境对人口的承载量都有一个平衡值或最佳点，如果超出这个限度，则必然使城市环境质量下降或者使人类生活水平下降。因此，为保证城市环境质量，城市绝不可盲目畸形发展。

城市环境标准是评价城市环境质量和环境保护工作的法定依据。它是国家为了保护人民健康和维护生态平衡，根据国家的环境保护政策、法规或条例，在综合分析城市自然环境特征、控制城市环境污染的技术水平、经济条件和社会要求的基础上，规定城市环境中污染物的容许含量和污染源排放污染物的数量及浓度等的技术规范。随着环境科学的发展，城市环境标准的种类越来越多。现有的各种城市环境标准，按内容主要有城市环境质量标准和污染物排放标准两大类。城市环境质量标准规定了环境中的各种污染物在一定的时间和空间范围内的容许含量，它反映了人群和生态系统对环境质量的综合要求，也反映了社会为控制污染危害在技术上实现的可能性和经济上可能承担的能力；污染物排放标准则是以实现城市环境质量标准为目标，并考虑技术上的可能性和经济上的合理性而规定污染源排放污染物的数量和浓度。

城市的环境质量标准，大体上可以分为两级：

（1）低级标准

可称为"安全环境标准"，就是要求城市的环境净化水平，达到保障城市居民的生存安全、保证社会经济文化活动的正常运行，并能基本上遏止生态系统恶性循环的程度。

（2）高级标准

也称为"舒适环境标准"，就是要求城市环境不仅达到较高的净化水平，实现良好的生态平衡，而且要达到一定的美化水平，达到美学上令人愉快，生理上有益于健康，经济上、文化上有利于发展的程度。在实施步骤上，首先要达到低级标准，然后逐步达到高级标准。我国目前由国家颁布执行的城市环境质量标准，基本上属于低级标准。

污染物排放标准是为实现相应的环境质量标准，结合技术经济条件和环境特点，对污染源排入环境的污染物浓度和数量所作的限量规定。污染物排放标准通过直接限制污染源的排放量及其污染物物质的含量来达到保护环境的目的。该标准通常根据不同的行业分级制定。

（四）园林绿地管理

1. 常见的园林绿地

城市的绿化地域、绿地面积指标是反映城市环境水平的一个重要标志。城市绿地定额是指城市市区需要的绿地面积，以及城市市区每个人所需要的绿地面积的数量。该定额因城市的性质、规模和条件的不同而异。绿地定额的提出和实现，对改善城市环境，防止大气污染以及保障城市居民的健康等方面，有着很大作用。城市绿化建设为保护、改善和美化城市环境，按照总体规划的要求和具体条件，在城市中有计划地合理地进行绿色植物的栽种与管理。主要是在城市各种公园、广场、庭院、宅边、市区道路两侧、铁路和公路沿线、河道两岸、工厂、机关、学校、医院、居民区进行植树造林、种植花草和地面覆盖植物等，其中，以栽植木本植物为主。搞好城市绿化建设对于防风防沙、保持水土、防火防震、净化空气、消声防噪、调节温湿、保护和改善人们生活环境、美化城市面貌、提供休息游览场所等，有着重要的作用，还可以生产一定数量的产品来满足人类的生产和生活的需要。

我国城市绿地空间布局常用的形式有以下五种：

（1）块状绿地布局

在城市规划总图上，公园、花园、广场绿地呈块形、方形、不等边多角形均匀分布。这种形式最方便居民使用，但因分散独立，不成一体，不能起到综合改善城市气候的效能。

（2）带状绿地布局

多数是利用河湖水系、城市道路、旧城墙等因素，形成纵横向绿带、放射状绿带与环状绿地交织的绿地网。带状绿地布局有利于改善和表现城市的环境艺术风貌。

（3）楔形绿地布局

楔形绿地是指从郊区伸入市中心由宽到窄的放射状绿地。楔形绿地布局有利于将新鲜空气源源不断地引入市区，能较好地改善城市的通风条件，也有利于城市建设艺术面貌的体现。

（4）混合式绿地布局

它是前三种形式的综合利用，可以做到城市绿地布局的点、线、面结合，组成较完整的体系。其优点是能够使生活居住区获得最大的绿地接触面，方便居民游憩，有利于就近地区气候与城市环境卫生条件的改善，丰富城市景观的艺术面貌。

（5）片状绿地布局

将市内各地区绿地相对加以集中，形成片状，适用于大城市。以各种工业企业性质、规模、生产协作关系和运输要求为系统，形成工业区绿地；将生产与生活相结合，组成一个相对完整地区的绿地；结合各市的河川水系、谷地、山地等自然地形条件或构筑物的现状，将城市分为若干区，各区外以农田、绿地相绕。

2. 园林绿地指标

园林绿地指标一般指城市中平均每个居民所占的城市园林绿地的面积，而且常指的是公共绿地人均面积。园林绿地指标是城市园林绿化水平的基本标志，它反映着一个时期的经济水平、城市环境质量及文化生活水平。为了能够充分发挥园林绿化保护环境、调节气候方面的作用，城市中园林绿地的比例要适当地增加，但也不等于无限制地增长。绿地过多会造成城市用地及建设投资的浪费，给生产和生活带来不便。因此，城市中的园林绿地在一定时期内应该有合理的指标。园林绿地指标的作用有：可以反映城市绿地的质量与绿化效果，是评价城市环境质量和居民生活福利水平的一个重要指标；可以作为城市总体规划各阶段调整用地的依据，是评价规划方案经济性、合理性的数据；可以指导城市各类绿地规模的制定工作，如推算城市公园及苗圃的合理规模等，以及估算城建投资计划；可以统一全国的计算口径，为城市规划学科的定量分析、数理统计、电子计算技术应用等更先进、更严密的方法提供可比的数据，并为国家有关技术标准或规范的制定与修改提供基础数据。

随着城市建设管理需求的不断升级以及统计手段和方法的不断完善，城市绿化指标所包含的内容和指标类型、数量有着快速增加的趋势，绿化指标已从传统的以绿地建设指标为主扩展到了综合管理、绿地建设、建设管控、生态环境四个方面，指标的类型设置兼顾了对绿地的数量、布局结构和功能的要求；对公园绿地服务半径覆盖率，城市道路绿化普及率，城市新建、改建居住区绿地率，河道绿化普及率，受损弃置地生态与景观恢复率等方面提出了相应的要求。园林绿地指标的规划是指从规划设计的角度建立的一套适用于园林式城镇绿地系统的指标体系。园林绿地的规划和建设受到城镇的性质、规模、自然环境、经济社会发展水平、建设用地分布现状、建筑现状、园林绿地现状及基础现状等众多因素综合影响。指标的规划需要遵循如下原则：

（1）系统性原则

园林绿地指标的规划是一项系统工程，具有层次性，从宏观到微观，层层深入，形成完整的指标系统。指标体系应围绕绿地规划设计的总体目标，全面真实地反映各项指标的基本特征和价值。采用的指标应尽可能完整齐全，不应该有遗漏或有所偏颇。

（2）独立性原则

指标体系是一个有机的整体，但各指标之间应相互独立，不应存在相互包含或交叉关系及大同小异的现象。这样不仅可以使指标体系清楚明白，更加合理，而且可以避免一些重复计算。

（3）可行性原则

指标体系的建立应考虑现实操作的可行性。指标体系不应过于复杂，应简洁明了地反映绿地的主要特征和价值。选取的指标应简明易懂，要具有可测性和可比性，可以直接度量或通过一定的量化方法间接度量，避免或减少主观判断。另外，计算方法不应过于复杂，要便于实际操作。

（4）科学性原则

指标体系必须科学、客观、合理有效，不仅要遵循生态学的基本规律，而且要反映绿地生态环境的客观实际，不能依据个人主观因素和意愿进行选择。

（五）基本设施管理

城市基础设施是为城市经济、社会和人民生活提供的，由有形、完整的工程设施所组成的综合系统。它是形成城市的根基，是城市物质基础之一，并成为城市生存、发展的依托。城市基础设施主要包括：城市供水、排水及处理；电力、热能与煤气供应；邮电通信；城市灾害防治（消防、防洪、防震）等设施；街道、桥梁、公共交通（铁路、公路、民航、水运）、环境卫生和园林绿化，等等。另外还包括城市中为生产和居民生活服务的各种公共事业，包括：城市自来水，即由城建部门管理的供水系统；城市煤气，即由城建部门集中管理的供工业生产及广大居民生活用的各种可燃气，如煤制气、油制气、石油液化气、天然气、矿井瓦斯等；城市供热，即由城建部门管理的利用热电站、工业的余热或建立集中供热锅炉等热源实行集中供热的设施；城市公共交通，指供城市居民共同使用的客运交通设施，包括城市公共汽车、无轨电车、有轨电车、出租汽车、地铁和轮渡。还有为城市生产和居民生活服务的各种类型公共设施工程及其设计、建设、运转和维修等全部过程。市政工程事业是城市建设的重要组成部分，它对城市的建设和发展有着重要作用。目前，世界各国都对城市市政工程事业极为重视，把各类市政工程的建设列入城市发展总体规划之中、列入城市建设计划之中，并积极组织建设。

三、城市基本规划设计美学

（一）城市设计意义

城市设计有着悠久的历史传统，从某种意义上说，从城市诞生之日起就有了城市设计。但是，现代城市设计的概念则起源于西方城市的美化运动，并随着二战后城市建设的实践探索在西方崛起。"城市设计"一词于 20 世纪 50 年代后期出现于北美，取代了以城市美化运动为代表的"市政设计"，开启了从内在、先验的审美需求出发，对城市形体环境和与之相关的社会文化公共领域的关注。传统的观点认为城市设计主要与"美"的塑造相关，但今天的城市设计已经远远超出了单纯"美"的问题，扩展到对城市人工环境的种种建设活动加以优化和调节。城市设计通常被理解为人们为某一特定的城市建设目标所进行的对城市空间、建筑环境的设计和组织，主要目标是改进城市人居环境的空间质量和生活质量。《中国大百科全书》将城市设计阐述为，"以城镇发展和建设中空间组织的优化为目的，运用跨学科的途径，对包括人、自然和社会因素在内的城市形体环境对象所进行的研究和设计"。可见，城市设计作为对城市形态和空间环境所做的整体构思和安排，是提高城镇建设水平、塑造城市特色风貌的重要手段，它的最终目标可被概括为：为人们创造一个舒适宜人、方便高效、卫生优美的城乡物质空间环境和社会环境；为城乡社区建设一种有机的空间秩序和社会秩序；立足于现实的同时，又依据一定理想和丰富的想象力，对城乡空间环境进行合理设计。简言之，城市设计具有的重要作用主要体现在四个方面：城市风貌方面，改善城市风貌的重要管制工具；城市文化方面，延续城市文脉的重要设计方法；社会意义方面，指导公共活动的重要组织手段；城市经济方面，推动经济发展的重要空间触媒。

（二）城市设计与城市规划的关系

城市设计是城市规划工作的一个有机构成部分，是城市规划工作应有之内涵。有一种误解，认为城市设计就是详细规划，其实城市设计和详细规划是两个不同的概念。详细规划是城市规划编制程序中的一个阶段，而城市设计则是城市规划中有关空间环境和城市体形方面的规划设计，它是贯穿于城市规划全过程的。从城市选址开始，城市总体规划、详细规划、修建设计，一直到建成后的环境整治，每个层次都有特定的城市设计内容。它对城市总体、分区、局部地段的空间环境建设起着指导和控制性的作用。在我国近几十年的城市设计实践中，从"一五"时期开始，在城市规划中就同时考虑了城市设计的要求，如总体规划中强调艺术布局，在详细规划中更要求有街景鸟瞰和模型等。我国城市化发展随着经济腾飞产生了质的变化，但也带来发达国家所遇到过的一些问题。在城市设计上主要表现在：千城一面、缺乏特色；建筑群缺乏应有的协调，各自为中心，整体形象差；传统风貌遭到破坏；空间拥挤、缺乏绿地；视觉环境质量下降等。有些城市没有从本质上认识到，城市形象应当从城市自身的性质、特点、条件等内涵上来挖掘、认识、提炼，结合城市功能的建设和完善来逐步实行，而是简单地模仿、照抄，搞所谓"包装""形象工程"等，走了一些弯路。比如"仿古一条街"就没有真正地继承传统城市街道的活力所在，而是过多地注重仿古的建筑形式，缺乏对传统街道的宜人尺度、多种多样的街道内容的关注。"广场热"在给城市带来大片开敞空间的同时，大而不当的空间尺度却降低了公共空间的亲和力；只重形象、不重功能的大片草坪使市民失去了遮荫休憩的良好场所，也不能更好地起到改善生态环境的作用；至于有的城市脱离经济社会实际、脱离群众实际需求，盲目追求气魄，追求高楼大厦和大马路，花大钱搞形式主义的"形象工程"，劳民伤财，更是必须坚决纠正和防止的。

（三）城市设计原则

城市设计是塑造宜人的城市环境的一种手段。进行城市设计时，除需考虑上述一些因素外，还应遵循如下一些基本原则：

1. 总体性原则

在编制城市规划的各个阶段，都应当运用城市设计方法，综合考虑自然环境、人文因素和居民生产、生活的需要，对城市空间做出统一规划，提高城市的环境质量、生活质量和城市景观的艺术水平。城市设计应贯穿于城市规划的全过程中，通过城市总体规划中的形体环境规划反映出来，如城市发展方向和功能布局，城市土地和空间资源的利用，建筑体量、形式与风格，开放空间和绿地系统，道路与交通，城市主要景观控制等。由于城市设计包含了城市总体规划中形体环境规划的一部分内容，从城市建设的层次上讲是城市总体规划的延续和深入，是从二维的平面规划向三维的空间建设的过渡。所以，城市设计应以城市总体规划为前提，保证城市总体目标的连续性和城市建设的协调发展。城市总体规划所确定的功能布局、人口密度、土地开发强度等指标也决定了城市中每个具体地段空间形态的设计。城市设计只有局部服从整体，只有在这些指标的控制之下才能创造出高质量的城市环境。反之，这些局部环境又可以对整体城市环境的协调发展起到积极的推动作用。

2. 以人为本原则

人是城市空间的主体，人的相互作用和交往是城市存在的基本依据。城市空间就是为市民大众提供相互作用和交往的场所。然而人的需求总是在不断地变化和发展，城市也不断地"新陈代谢"。因此，城市设计应研究城市生活的规律，研究不同时间和地点人们的活动特点，满足人们对城市环境的需求，否则城市设计就缺少了灵魂。1943年，美国人文主义心理学家马斯洛在《人类动机理论》一书中提出了"需要层次"论，他认为人类有五种主要需要，由低到高依次排成一个阶层。这五种需要是：生理需要、安全需要、社交需要、尊重需要和自我实现的需要。各类需要的关系并非完全固定不变，可因时、因地、因不同的外部环境出现不同类型的需要结构，其中总有一种需要占优势地位。以上几种需要与城市设计都有关系，如生理需要——城市环境的微气候条件；安全需要——交通安全、设施安全、可识别性；社交需要——城市公共空间建设；尊重需要——空间的私密性、归属感；自我实现的需要——城市特色、社区特色、建筑特色、公众参与。在考虑人们的生理需要方面，城市形体环境应满足人们在城市环境中活动时的生理需要，使用各种设计手段创造适宜的微气候条件，尽最大可能地为城市环境提供阳光、绿化和水，减缓风速和空气污染。有些城市还创造出许多抵御外界不利气候条件的手段，取得了许多可以借鉴的经验。低层次需要获得满足之后，才有可能发展到下一个高层次的需要。城市设计应在满足较低层次需要的基础上，最大限度地满足高层次的需要。

3. 特色原则

一个城市的特色是这个城市有别于其他城市的形态特征，它不仅包括城市的环境形态，而且包括城市居民的行为活动、当地风俗民情反映出来的生活形态和文化形态，带有很强的综合性和概括性。城市在其发展过程中，总会带有它的历史和文化痕迹，城市的地形、地貌、气候条件的影响也会表现出来，由此形成了自己独特的物质形态。每个城市都存在着这种"特色机制"，存在着形成特色的潜能。城市设计只有尊重这一客观事实，城市才有自己的"根"，才能被城市居民所接受和喜爱，才能吸引参观者和游客。然而，对城市特色的感受并非设计者个人的主观臆断，而是实实在在地通过对城市居民的"公众印象"调查和访问，从中归纳、分析和提炼出来的，由此得出的结论才可以作为城市设计创作思想的依据，使设计者明确城市设计应建立的目标。

4. 时空效果原则

城市设计应该从三个方面考虑城市形体环境变化和建设的时空效果：一是开发建设实施的时序性，考虑有机发展、滚动开发的实施过程中，城市环境在不同的实施阶段、不同建设步骤的城市景观形象；二是人与环境空间关系随时间的变化，人在环境中运动时所展开的空间序列；三是一年四季、一日之内不同时间的景观变化，如季节变化对景观的影响和城市夜景观的研究。在设计中对每个地段都做出较详尽的管理条例和设计导则，保证城市设计思想的贯彻，作为提高整体空间环境质量的前提。城市公共空间是一个多元、连续的序列空间，因此，在空间设计中应考虑人在空间运动时空间对人的作用和人对空间的感受，使城市空间形成一连串系统、连续的画面，从而给人留下深刻的印象。对于形体环境的构成元素也应考虑人在运动时在不同视点、不同角度和距离对这些元素的观察，以确定对建筑立面处理的具体要求，如尺度、质感和细部考虑的深度等。

5. 美学原则

（1）创造格局清晰的景观秩序

对于每一个城市或特定的地段来说，都有其固有的姿态，展示着一种约定俗成的秩序，它或许需要调整和完善，或许需要发扬光大。这些秩序只有依靠设计者的敏锐观察加以感知，对于设计者来说，这是一个挑战，也是设计创作和评价设计优劣的准则。城市设计把城市视为一个有机的整体，从总体上应创造格局清晰的城市景观结构，犹如"笛卡尔坐标系"的作用一样，使人们易于捕捉空间定位的参照系，感知城市空间的逻辑关系。利用和突出独特的人工及自然景观元素是创造城市景观秩序的有效方法，如巴黎的埃菲尔铁塔、北京的天安门城楼、堪培拉的国会山、波士顿的马萨诸塞州政府大楼、哈尔滨的防洪纪念塔等，都是创造城市景观秩序的"可用元素"。每一个具体地段在城市的大构架中既相对独立，又相互依存和影响，互相之间均以良好的秩序存在。只有找出城市空间的这种"环境力"，城市设计方案才能为市民所接受，才能具有生命力。

（2）保证空间界面的连续与变化

城市空间的界面一般被称为"城市墙"或"街道墙"，指的就是街道、广场及建筑物集合而成的界面，是城市空间中一种特有的环境模式，它的存在给城市空间赋予了各种性格，如开敞、宏伟、亲切、舒适等。在城市设计中应针对设计地段的环境条件，把对城市空间界面的处理纳入城市环境中，才能创造出生动的空间序列，保证空间的秩序性和多样性的统一。

（3）提供轴线和景观条件

寻求城市空间的秩序在某种意义上是在城市环境中寻求景观上的轴线关系。运用轴线的引导、转折、延伸和轴线的交织等手段，建立空间秩序。在确定轴线的基础上，在重要节点通过提供视域条件，如视点、视角、视廊等，可形成对景、借景、空间流动的艺术效果。

（4）注意室内外空间的交融和渗透

现代城市空间已不限于室外空间，随着建筑使用性质的综合和规模的增大，中庭和室内步行街业已成为城市空间的新类型。因此，在城市设计中注意室内外空间的交融和渗透，形成亦内亦外的"灰"空间，可以为城市空间增添趣味性和景观层次。

四、城市基本规划面临的挑战

（一）问题表现

城市规划既是一门涉及面广的交叉学科，又属于政策性、导向性强的政府行为，因此它的发展必然受到多方面的影响。特别是我国经济体制由计划经济向市场经济转型期间出现的种种变革，以及经济全球化出现的新形势，既给城市规划带来新的发展机遇，同时也面临许多问题。其中较突出的表现有以下两个方面。

1. 传统的规划理论无法解决城市之间激烈竞争的现实问题

现代城市不是一个孤立的小岛，城市之间既有优势互补、相互促进、协调发展的一面，同时也存在相互争夺资源、争夺资金、争夺产品市场即相互竞争的一面。正是这种相互依存、相互制约的关系，推动城镇体系和城市化的发展。问题在于，受传统计划经济体制的影响，当前城市规划理论只强调城市之间协调发展的一面，而忽视其相互竞争的一面。

众所周知，在计划经济体制下，城市发展所需的资源、劳动力、资金和产品销售市场都是通过自上而下的计划安排的，地方城市政府没有发展的自主权，因此城市之间的竞争也就被淡化了。对城市规划而言，只要以国民经济计划为依据，根据劳动地域分工和城市职能优化组合的理论，合理确定城市的性质和发展方向，就不难做到将建设项目落实到空间地块。但是，这种规划观念与市场经济条件下的现实生活相差甚远。在市场经济条件下，国家计划下达的投资项目和建设资金越来越少，城市要发展，必须依靠自身的力量，通过市场的途径取得劳动、技术、资金和项目。因此，"招商引资""筑巢引凤"几乎成了各级政府一项十分重要的手段。为了达到预期的发展目标，地区与地区之间、城市与城市之间展开激烈竞争是不可避免的。地区之间、城市之间的竞争有利也有弊，既不能一概肯定，也不能完全否定。首先应该看到，城市间的竞争可以调动每个城市发展的积极性，现在地方政府再也不可能完全依靠国家计划下达的项目和资金去实现城市的发展目标，它们更多的是发挥地方的优势，通过市场的途径引进资金、技术、人才，不断地滚动发展，加快经济发展和城市化的步伐。其次，市场经济固有的弊端，使城市之间的发展和竞争带有很大的盲目性和私利性，其付出的代价必然是大量的重复建设、城市职能的趋同化、自然资源的浪费、生态环境的恶化、城市外部性的加深，以及地区经济差异的扩大。

面对新时期城市发展动力机制的变化，城市规划应该认真研究社会主义市场经济的规律，摆脱传统的规划思想和观念，探索城市在市场经济条件下通过竞争合理发展的规划理论。比如，以往遇到城市之间竞争激烈、矛盾激化的时候，很多规划师以为只要通过调整行政区划，或者将它们合并在一起就能解决问题，或者干脆编制跨行政区——都市区的规划，用规划师自己的价值观念替代地方的发展意向。实践表明，完全采用行政手段的规划理念不一定奏效。因为在市场经济条件下，城市之间的竞争公平、公正、平等，每个城市无论规模大小，级别高低，在经济发展过程中都是伙伴关系。城市之间发展，包括城市规划，必须照顾相关城市的利益，达到城市之间的"双赢"。

2. 城市规划的双重角色规划师的无奈

改革开放以来，地方各级政府根据《中华人民共和国城市规划法》要求领导、组织编制和审批城市规划并按照规划管理城市，对推动我国城市发展发挥了重要的作用。组织、领导城市规划的编制，是城市政府领导的重要职责。但是，领导者如果取代规划师的职能，或让规划师按自己的价值观念编制城市规划，或过多地介入城市规划具体内容的编制，就会出现适得其反的结果。城市规划存在的问题有：城市规划中的"大手笔"，包括超常规的城市发展战略、城市规模和空间大架子、城市景观建筑一个比一个建得高；城市性质与定位的误区，如现在一些城市只讲自身的"优势"，城市定位普遍"高"而"全"，不切实际地提高城市的职能等级和地位；行政中心大搬家，市、区级的行政中心属于为城市本身服务的职能，在新区没有一定规模的基本部门之前就急于建设行政中心，反而削弱了其服务的效率；房地产业城市规划建设的"双刃剑"，包括"圈地运动"仍在持续、过度开发和"破坏性"建设有增无减、公共服务设施少有问津等。

（二）问题评估

现如今，我国的城市规划的实施并不完善，还存在着诸多的不足。比如，我国城市规划的实施缺乏科学决策，在实施的过程中往往没有综合分析其所处的城市社会经济与自然环境，忽视了城市发展的内在规律，经常主观地把某个或某些条件看作是决定城市发展的核心要素；又如，在城市总体规划中，对于城市性质、功能等目标的定位，往往没有经过认真论证、实地调研，仅凭经验或是听从领导的意志来确定，这样的规划缺乏科学依据，是不完整的。在城市规划的过程中，对于城市人口、用地规模的确定，常常以地方利益为先，不顾客观条件，一味追求利益最大化；对于地方公共物品的建设，往往出于政绩考核及利益需求，盲目建设超标的大型基础设施和公共设施，或者为了城市风貌而建设面子工程，造成了大量的资源浪费。因此，正确、客观、科学的城市评估就显得尤为重要。

评估有评价和估量之意，是指专业机构和人员，按照国家法律、法规和资产评估准则，根据特定目的，遵循评估原则，依照相关程序，选择适当的价值类型，运用科学方法，对资产价值进行分析、估算并发表专业意见的行为和过程。评估时应尽量遵循以下三个方面：

1. 客观公正、实事求是

城市总体规划实施评估主要是对城市总体规划的实施情况进行总结，并对实施偏差产生的原因进行分析。对城市总体规划中提出的规划目标与指标尽量采用量化的对比形式，以做到客观公正；而对于城市空间结构、空间发展方向、规划决策机制的建立情况、下位规划的编制等不易量化的评估内容也应做到实事求是地描述。客观公正的价值取向在城市总体规划实施评估中的另一体现是对规划实施偏差产生的原因的分析。影响城市发展的因素是复杂的，它们之间相互交织，互相作用，共同形成一个推动城市向前发展的网络体系。城市规划只是这个网络体系的一部分。也就是说规划实施偏差产生的原因是多方面的，总结起来主要包括规划体系内部的原因与规划体系外部的原因两个方面。规划体系内部编制、审批、实施等环节存在的问题都会对规划的实施产生影响；城市外部环境的变化等外部原因同样会深刻地影响规划的实施。而反观目前我国大多数城市开展的城市总体规划实施评估实践可以发现，城市总体规划实施评估被当作城市总体规划修编前的程序性工作，评估的目的只是为城市总体规划修编寻找依据，规划实施偏差产生的原因大部分被归纳为城市总体规划方案缺乏科学性，本来是对城市总体规划实施情况的评估变为对原城市总体规划方案的评估。总而言之，在对城市总体规划的实施情况与实施偏差产生的原因进行分析时，都要秉承客观公正、实事求是的价值标准。

2. 规划意图导向性

城市总体规划实施评估必然要对城市总体规划的实施效果进行定性评价。在对城市总体规划的实施效果进行定性评价时不能以实施结果与规划成果的完全一致性为检验标准，而应当关注规划的意图、原则是否得到了实施。例如，在城市总体规划中确定的公共服务设施的区位选择在规划实施的过程中发生了变化，但建成后的公共服务设施并不妨碍其发挥正常的社会作用，甚至相对于原规划方案，其公共利益得到了放大，那么实施结果并没有违背城市总体规划的原则，可以肯定城市总体规划得到了良好的实施。

3. 公共利益导向性

公共利益最大化一直是城市规划崇高的社会服务理想，公共利益导向性原则体现在城市规划运作的各个方面。在城市规划实施评估领域中，公共利益导向原则主要体现在对部分规划实施结果的分析中，如自来水普及率、有线电视覆盖率、千人拥有医院病床数等社会人文指标的落实超过了规划预期值，属于一种规划实施偏差，但其增加了社会福利，按照公共利益导向性的原则，其实施情况应评判为优良。

第二章 用地与空间

第一节 城市用地与空间布局

一、城市用地要素

（一）城市用地组成

城市用地规划是城市规划的重要内容之一，同时也是国土规划的基本内容。城市用地是城市规划区范围内赋予一定用途和功能的土地的统称，是用于城市建设和满足城市机能正常运转所需要的土地。城市用地构成有两方面的含义：其一是行政区划方面的，其二是规划建设方面的。通常所说的城市用地，既包括已经被建设利用的土地，也包括已列入城市规划区域范围内、尚待开发建设的土地。广义的城市用地，还可包括按照法律法规所确定的城市规划区内的非建设用地，如农田、林地、山地和水面等所占的土地。自然土地并不能完全适合城市经济生活和社会发展的需要。为了使土地从非城市土地转化为城市土地，适合城市工业生产和其他经济活动的需要，就要对土地进行开发和改造。当然，城市用地可以进行高度的人工处理，也可保持某种自然的状态，实现城市功能的多样性。通过规划实践，具体地确定城市的用地规模、范围，并划分土地的用途、功能组合及土地的利用强度等，以臻于合理地利用土地，发挥土地的效用。

城市用地的分类：按照行政隶属的等次，宏观上分为市区、地区、郊区等；按照功能用途的组合，分为工业区、居住区、市中心区、开发区等；不同规模的城市，因各种功能内容的不同，其构成形态也不一样，如大城市和特大城市；由于城市功能多样而较为复杂，在行政区划上，常有多重层次的隶属关系，如市辖县、建制镇、一般镇等；在地理上，有中心城区、近郊区、远郊区等。具体可划分为十大类：

1. 生活居住用地

包括居住用地、公共建筑用地、公共绿化用地、道路广场用地等。其中居住用地指住宅街坊（小区）内的居住建筑用地、道路用地、绿地和公共建筑用地；公共建筑用地指为整个城市服务的商业、文教体育、医疗卫生和行政经济机构用地；公共绿化用地指为全体城市居民服务的公园、游园、动植物园、陵园以及城市林荫道绿地和滨河绿地等；道路广场用地指城市主要干道网、广场和停车场等用地。

2. 工业用地

主要指工业生产用地，包括工厂、动力设施及工业区内的仓库、铁路专用线和卫生防护地带等用地。

3. 对外交通运输用地

即城市对外交通运输设施的用地，包括铁路、公路及各种站场、港口码头、民用机场及防护地带等用地。

4. 仓储用地

指专门用来存放生活资料和生产资料的用地，包括国家储备仓库、地区中转仓库、工业储备仓库、市内生活供应服务仓库、危险品仓库以及露天堆栈（场）等用地。

5. 大专院校、科研机构用地

包括大专院校、中等专业学校，具有独立用地的科学研究机构、试验站等用地。

6. 旅游景点用地

指城市风景游览区的绿地，包括园林部门和文化部门管理供游览的风景区、森林公园及名胜古迹等用地。

7. 市政公用设施用地

即供应公用设施和工程构筑物的用地，包括水源地、自来水厂、污水处理厂、变电所、煤气厂（站）、消防站、各种管线工程及其构筑物、防洪堤坝、火葬场及墓地等用地。

8. 卫生防护地带用地

主要指居住区与工业区、污水处理厂、公墓、垃圾场等地段之间的防护绿地或隔离地带用地，水源防护用地以及防风、防沙林带用地等。

9. 特殊用地

如文物保护区、自然保护区、军事设施及监狱、看守所等用地。

10. 其他用地

不属于以上所列项目的其他城市用地，包括市区边缘的农田、菜地、苗圃、果园林地、牧场及城市内一部分不易划出的零星农居、空地等。

不同性质、规模的城市，用地的构成也各不相同。例如，工矿城市中，工业、运输和仓库的用地往往成为城市用地的主体；大学科学城中，科研设计机构、实验基地和大专院校的用地构成了城市用地的重要部分；风景旅游城市中，风景区、园林和各种自然及人文景观用地在城市用地中占有相当比重。城市各项用地之间的内在联系，可通过编制城市用地平衡表反映出来。

（二）城市用地选择

1. 用地选择

城市规划与建设所涉及的方面较多，而且彼此间的关系往往是错综复杂的。对于用地的适用性评价，除进行以自然环境条件为主要内容的用地评定以外，还需从影响规划与建设更为广泛的方面来考虑，如技术经济和现状的建设条件，此外，还有社会政治方面（如城乡、工农关系、民族、宗族关系的处理等），文化方面（如革命圣地、历史文化遗迹城市的风貌，各种保护区等），以及地域生态方面等有关条件。所有这些都作为环境因素客观地存在着，并对用地适用性的评定产生不同程度与不同方面的影响。所以，为了给用地选择和用地组织提供更为全面和确切的依据就有必要对用地的多方面条件进行综合评价。

用地选择在一定程度上决定着城市功能分区的布局，对各项建设的经济效益和经营管理也有一定影响。用地选择的原则如下：

（1）尽可能满足城市工业、住宅、市政公用设施等建设在土地使用、工程建设和对外界环境方面的要求，尽可能减少工程准备的费用。

（2）注意新建与旧城改建、扩建的不同特点。新城选址一般是在区域规划过程中从区域范围内选定，旧城改建则要考虑与现有城市的关系。

（3）要考虑城市的发展可能，要具有足够数量适合建设需要的用地。

（4）要有利于城市总体布局，使各类不同功能用地之间（特别是工业用地和生活居住用地之间）具有良好的相互关系，如新建城市在选择工业用地的同时，要考虑到它与城市其他用地的布局关系，尤其是居住用地的相互关系。

（5）注意发挥城市现有设施的作用。用地选择要尽可能满足城市各项设施在土地使用、工程建设以及对外界环境方面的要求，充分利用有利条件，考虑到规划与建设的合理性与经济性。通常是按照用地状况和用地组织的要求，通过方案比较来选择合适的用地。近年来，已有应用数学方法和电子计算机技术来制定用地选择和用地功能组织的方案，并进行方案的比较。例如在工业地区与生活居住地区相对位置的确定等，其中对两者在空间上联系所需的交通时间，通过定量分析，也作为一个选择条件参与评价。这些方法为更加科学、合理和快速地选择与组织用地提供了手段。

（6）贯彻《中华人民共和国城市规划法》和《中华人民共和国土地管理法》中有关土地利用的规定，贯彻其他有关城市建设方针，如节约用地，尽可能少占耕地（特别是高产农田）等。

2. 地质环境

城市用地是城市规划的重要工作内容，而地质环境又是决定用地选择的主要因素。它包括：

（1）岩石、土体类型

城市的任何建筑工程都离不开岩土，或以其为地基，或以其为建筑材料。由于地质构造和岩石成因的复杂性，在一个城市的范围内可能分布有多种岩石和土体，它们的物质成分、结构构造及物理性质等均有差异。在进行城市规划时，应根据城区范围内岩石和土体的分布及其工程性质，合理安排建筑物（尤其高层建筑物）的布局和市政设施，做到既充分发挥岩石和土体的潜力，又安全与经济地实施城市工程建设。

（2）水文地质条件

水是城市的血液。地表河湖和地下水作为城市主要供水水源，与确定工程建设项目及城市发展规模密切相关。如果水源充足且水质良好，可安排耗水量大的工程项目；反之，则要限制城市发展规模，安排耗水量少的工程项目，以免引起水源枯竭、水体污染及地面沉降等人为地质灾害。如果某城市地位重要，必须扩大规模，而水源不足，则应规划引水工程加以解决。总之，在城市规划时，应根据地下水水量、赋存形式、矿化度及径流条件，并结合其他自然条件，统筹安排工农业布局及城市规模。

（3）地形及地貌条件

不同地形及地貌条件，对城市规划的布局、平面结构、道路走向和分布、建筑组合形式以及城市轮廓等都有制约作用。

（4）城市地质作用

洪水冲击、地震、泥石流、滑坡以及岩石崩落等多种作用均可在城市范围内发生。因此，在选择城市用地时，应分析潜在的城市地质灾害，采取相应的规避和防治措施。

此外，在规划现代化城市时，还要考虑风景资源。例如，可充分利用起伏多姿的山丘和蜿蜒曲折的河湖海岸，创造优良的环境，以便给人们提供优美的城市自然景观，使城市轮廓分明，景色秀丽，如倚钟山、临长江而建的南京城。

（三）城市土地集约利用影响因素

土地的集约利用，是指合理投入劳动、资本和技术，充分挖掘土地潜力，以获得土地最高报酬的一种经济行为。通常以集约度来衡量土地集约利用的程度。集约度就是指单位土地面积上所投入资本和劳动的数量，所投入资本和劳动越多，集约度越高；反之，则越低。但土地投入量并不是越多越好，土地报酬递减规律为土地集约利用提供了重要的理论依据。土地资源的有限性及社会经济发展对土地无限的要求迫使人类社会集约利用土地。

城市土地集约利用程度或使用强度的影响因素包括宏观和微观两大方面。

就宏观而言，影响城市土地集约利用程度的因素有土地资源状况、人口密度、城市规模、城市经济发展水平、产业结构、发展速度、基础和公益设施等城市公共物品能力、土地使用制度、土地市场的供求关系、城市规划控制、科学技术等，它们是决定城市土地集约利用强度的大前提。

就微观而言，影响城市地块土地集约利用程度或强度的因素有：（1）地块的使用性质，如商业、旅店、办公楼等的容积率一般应高于住宅、学校、医院、剧院等；（2）地块的价格，一定程度上可以说支配着城市各项用地的空间安排及土地利用效率与开发强度，如中央商务区（CBD）的容积率比远离 CBD 的地区要高得多；（3）地块的基础设施条件，一般来说，较高的容积率需要较好的基础设施条件和自然条件作为支撑；（4）地块的空间环境和景观要求，即与相邻四周在空间环境上的制约关系，以及城市设计上的要求，如建筑物高度、间距、形体、绿化、通道等。

城市土地既是自然产物，也是赋予长期的人类劳动后的社会经济。影响城市土地集约利用的因素具有多样性和复杂性。对城市土地集约利用影响因素的研究是城市土地集约利用研究中不容忽视的问题。总而言之，影响城市土地集约利用的主要因素是人地关系、经济发展水平和城市规模，但除此以外，还有许多一般影响因素，诸如技术变迁、制度和政策、产业结构、土地用途等。虽然这些因素对城市土地集约利用的影响往往是交互的，但其中以人地关系、经济发展水平和城市规模最为明显。

（四）城市用地评价指标分析

1. 自然环境条件评价指标

城市存在于自然地理环境之中。自然环境条件与城市的形成发展关系密切，它既为城市居民提供必需的生存条件，又对城市的形态和城市职能发挥作用。构成自然环境的要素，包括地质、水文、地貌、土壤、植被等，均在不同程度、不同范围上以不同方式影响着城市土地利用特点和城市发展。对城市自然环境条件的分析与评定构成了城市用地评定的主要内容。

2. 城市用地的区位指标

市场区位在评价城市用地与土地级差地租的确定中具有十分重要的意义与作用。在资本主义国家，级差地租产生的原因是土地经营的垄断权，其条件是土地存在着级差。这些条件除了宏观考虑外，还应注意到微观条件，如马路位置、交通是否方便、市场与居民区的距离远近等等，都集中反映了城市用地的市场区位。

3. 用地功能的大小指标

在城市建设过程中，城市用地所显示的价值高低，反映了不同功能用地的差异性。在城市规划与建设前，应先将城市用地按行业划分，分析各行业用地创造价值大小，并以此作为企业生存的条件之一。一般把城市用地划分为六种类型：工业用地；商业服务用地；商品住宅用地；旅游设施开发用地；外贸堆场与仓储用地；农业与其他行业用地。六种行业用地的收费标准高低不等，通过考虑城市用地（单位面积）创造价值的大小来确定其功能的重要性。

4. 投资环境条件优劣指标

城市用地有不少处于环境优美、空气新鲜、交通条件好、基础设施完善的地段，这类地区可作为高新技术行业发展用地，并作为争取外商投资的宝地，未开发利用前一定要严格保护好，服从城市总体规划要求，发挥城市用地的特殊功能作用。

5. 生态环境质量因素指标

由于目前还不能有效地对环境污染引起的社会损失进行经济计量，所以对环境的重要性还只能靠定性分析。据调查，城市居民的文化水平、职业类型、经济收入、住房条件与保障系统等不同，对环境问题的认识程度也不同。科技人员和教师与一般市民相比，对环境问题要敏感得多，经济建设的决策人与普通市民对环境问题的重要性评价也有所不同。因此，环境质量在城市用地空间上就显示出不同地区的差异性，为此用地评定应当结合城市用地质量进行判断。

二、城市用地的空间布局

（一）城市空间特征与演进趋势

1. 我国城市空间特征

总体来看，中华人民共和国成立以来尤其是改革开放以来，我国城市内部的空间结构从主导产业引领的单中心模式逐步向多元化产业协调发展驱动的多中心模式演变。在多中心结构的形成过程中，城市的空间分布与产业发展表现出以下三个特征：

（1）城市的产业体系具有鲜明的垂直分工特征

计划经济时代的城市多是围绕主导工业部门的生产、加工、销售来建设的。改革开放后随着城市规模扩大与制造业外移，产业体系的垂直分工特征不断增强，中心城区以中央商务区为载体，开始承担更多的办公、金融、总部决策及其他服务功能。与此同时，高新区、经开区等城市外围地带的产业空间功能进一步强化，除了满足工业生产的需要之外，技术创新、生活等配套设施日趋完善，成为拉动经济增长和空间演进的增长极，城市中心与外围的产业关联由先前的水平联系逐步转化为垂直式关联。

（2）城市的空间扩张多是通过非均衡的用地规模增长来实现

随着产业与人口的外移，城市建成区的面积不断增加，沿交通轴线进行的产业布局催生出更多的商业与住宅集聚区，并让其中具有影响力和辐射力的集聚区成为城市副中心，对中心城区构成了竞争。人口与土地之间的不均衡使得高层建筑开发与城市立体空间建设成为必然，工业用地总量多、居住用地供给少，带来了工业用地的低价格和居住用地高价格之间的"剪刀差"，逼迫城市用居住用地的高溢价来补贴日益高企的基础设施和产业园区建设成本，长远下去，势必将带来城市空间上生产和生活的相对失衡。

（3）城市产业发展与空间演进相互融合的趋势日益显著

城市是一个多种功能的集合体，信息技术的普及与运用进一步淡化了不同产业部门之间的物理边界，推动城市不同空间地带的功能出现多元化和复合化的新趋势。城市大脑、智慧楼宇、智慧城区等治理单元的涌向，使得传统意义上的商业、办公、居住、生产、生态之间的界限被打破。新产业的集聚、空间的规划与调整、城市新功能的供给、社会社区治理等等，这些新的问题对城市空间的合理布局提出了新的要求。处理好这些问题，要求城市的决策者必须要有系统思维的观念，能够站在城市可持续发展的高度来统筹推进，否则，稍有不慎就可能导致职住失衡、交通拥堵等一系列大城市病的发生与蔓延。

2. 信息社会城市空间结构形态的演变发展趋势

（1）大分散小集中

城市空间结构形态将从集聚走向分散，但分散之中又有集中，呈现大分散与小集中的局面。技术进步既提高了生产率，也使空间出现"时空压缩"效应，人们对更好的、更接近自然的居住、工作环境的追求，是城市空间结构分散化的重要原因。分散的结果就是城市规模扩大，市中心区的聚集效应降低，城市边缘区与中心区的聚集效应差别缩小，城市密度梯度的变化曲线日趋平缓，城乡界限变得模糊。城市空间结构的分散将引起城市的区域整体化，即城市景观向区域的蔓延扩展。与分散对应，集中也是一个趋势。

（2）从圈层走向网络

进入工业化后期，电气化与石油的使用造就了现代城市，城市土地的利用方式出现明显的分化，形成不同的功能区，如城市中心区往往是商务区，向外是居民区与工业区，再向外的城市边缘则又以居住为主。城市形态呈圈层式自内向外扩展。

进入信息社会，准确、快捷的信息网络将取代部分物质交通网络的主体地位，空间区位影响力削弱。网络的"同时"效应使不同地段的空间区位差异缩小，城市各功能单位的距离约束变弱，空间出现网络化的特征。网络化的趋势使城市空间形散而神不散，城市结构正是在网络的作用下，以前所未有的紧密程度联系着。分散化与网络化的另一个影响是城市用地从相对独立走向兼容。

（3）新型集聚体出现

虽然城市用地出现兼容化的特点，但是由于城市外部效应、规模经济仍然存在，为了获取更高的集聚经济，不同阶层、不同收入水平与文化水平的城市居民可能会集聚在某个特定的地理空间，形成各种社区。功能性质类似或联系密切的经济活动，可能会根据它们的相互关系聚集成区。

城市结构的网络化重构也将出现多功能新社区。网络化城市的多功能社区与传统社区不同，它除了居住功能外，还可以是远程教育、远程医疗、远程娱乐、网上购物等功能机构的复合体。

（二）当代城市用地空间布局的影响因素和原则

1. 影响因素

通常，影响各类城市用地的位置及其相互之间关系的主要因素可以归纳为以下四种：

（1）各种用地所承载的功能对用地的要求

例如，居住用地要求具有良好的环境，商业用地要求交通设施完备等。

（2）各种用地的经济承受能力

在市场环境下，各种用地所处位置及其相互之间的关系主要受经济因素影响。对地租（地价）承受能力强的用地种类，例如，商业用地在区位竞争中通常处于有利地位，当商业用地规模需要扩大时，往往会侵入其临近的其他种类的用地，并取而代之。

（3）各种用地相互之间的关系

由于各类城市用地所承载的功能之间存在相互吸引、排斥、关联等不同的关系，城市用地之间也会相应地反映出这种关系。例如，大片集中的居住用地会吸引为居民日常生活服务的商业用地，而排斥有污染的工业用地或其他对环境有影响的用地。

（4）公共政策因素

虽然城市规划需要研究和掌握在市场作用下各类城市用地的分布规律，但这并不意味着不同性质用地之间可以随意自由竞争。城市规划所体现的基本精神恰恰是政府对市场经济的有限干预，以保证城市整体的公平、健康和有序。因此，城市规划的既定政策也是左右各种城市用地位置及其相互关系的重要因素。对旧城以传统建筑形态为主的居住用地的保护就是最为典型的实例。

随着中国城市化的推进和经济的发展，城市用地的需求会不断增加，而土地本身是一种稀缺的不可再生的资源，因而应当充分利用空间，集约利用土地资源。其一，要充分挖掘建设用地的内部潜力，鼓励进行旧城区拆迁改造，鼓励进行土地置换，提高土地的利用效率；其二，树立立体的土地利用观。土地利用应包含土地平面利用和土地立体利用。所谓"土地立体利用"，是指土地的地面、地上和地下空间资源的利用。开发利用地下空间资源，具有促进社会经济发展和生态环境资源的持续利用的作用。

2. 主要原则

（1）点面结合，城乡统一安排

要注意区域协调。必须把城市作为一个点，而其所在的地区或更大的范围作为一个面，点面结合，分析研究城市在地区国民经济发展中的地位和作用。这样，城市与农村，工业与农业、市区与郊区才能统一考虑、全面安排。

（2）功能明确，重点安排城市工业用地

要合理布置好对城市发展及其方向有重要制约作用的工业用地，并考虑其与居住生活、交通运输、公共绿地等用地的关系。要防止出现"一厂一电""一厂一路"等现象，要处理好工业区与市中心区、居住区、水陆交通设施等的关系。

（3）兼顾旧区改造与新区的发展需要

新区与旧区要融为一体，协调发展，相辅相成，使新区为转移旧区某些不适合功能提供可能，为调整、充实和完善旧区功能和结构创造条件。处理好开发区与中心城市的关系，使之有利于城市布局结构。

（4）规划结构清晰，内外交通便捷

要合理划分功能分区，使功能明确，面积适当，避免将不同功能用地混淆在一起，造成相互干扰，但也要避免划分得过于分散零乱。旧区的各项功能往往混杂在一起，要根据实际情况，在符合消防、卫生条件的基础上设置综合区，不片面追求单纯的功能分区。要建成多层次、多功能道路网，实现市内交通、对外交通、市内与对外交通均有方便的衔接。

（5）各阶段配合协调，留有发展余地

城市需要不断发展、改造、更新、完善和提高。研究城市用地功能组织，保证城市在开始阶段有一个良好的开端，在建设发展各个阶段都能互相衔接、配合协调。特别要合理确定首期建设方案，加强预见性，在布局中留有发展余地，主要表现为：在定向、定性上具有可补充性；在定量上具有可伸缩性；在空间定位上具有可变移性。

（三）当代城市用地的立体空间格局

随着经济的发展和城市化水平的提高，生态失衡、资源耗竭、环境污染等问题相伴而生，特别是城市人口的集聚增长与城市规模的快速扩张，使许多城市产生"城市综合征"，如交通堵塞、环境污染、生态恶化等。在这种背景下，"可持续发展"战略在21世纪受到越来越多的世界各国有识之士的重视，立体空间理念也在国内外城市用地的空间布局中有越来越多的体现。

1. 国外城市用地的立体空间发展格局

发达国家的大城市中心区都曾经出现过向上部畸形发展而后呈现"逆城市化"的教训，这个现象又称为"城市中心空心化"，这是由于城市中心区经济效益高，所以房地产也集中于城市中心区投资，造成了城市中心区高层建筑大量密集。由于人流、车流高度集中，为了解决交通问题，又兴建了高架道路。高层建筑、高架道路的过度发展，使城市环境迅速恶化，城市中心区逐渐失去了吸引力，出现城市居民迁出、商业衰退的"城市郊区化"现象。城市发展的历史表明，以高层建筑和高架道路为标志的城市向上部发展模式不是扩展城市空间的最合理模式。发达国家大城市在医治"城市综合征"、改造更新与再开发城市中心的过程中，实行立体化的再开发，逐步形成了地面空间、上部空间和地下空间协调发展的城市空间构成新概念，即形成城市立体化四维发展的新格局。

从 1863 年英国伦敦建成世界上第一条地铁开始，国外地下空间的开发利用从大型建筑物向地下的自然延伸发展到复杂的地下综合体（地下街道）再到地下城（与城下快速轨道交通系统相结合的地下街道系统），地下建筑在旧城的改造再开发中发挥了重要作用。同时，市政设施也从地下供、排水管网发展到地下大型供水系统、地下大型能源供应系统、地下大型排水及污水处理系统、地下生活垃圾的清除处理和回收系统，以及地下综合管线廊道（共同沟）。充分利用地下空间是城市立体化开发的重要组成部分，这样的立体再开发的结果是扩大了城市空间容量，提高了城市的集约度，消除了步车混杂现象，交通变得畅通，增加了城市开敞空间和地面绿地，地面环境变得优美宜人。

2. 中国城市用地的立体空间发展格局

在中国，城市化进程越来越快，大城市、特大城市的城市问题也越来越突出，最主要还是对城市土地需求的无限与城市土地数量的有限之间的矛盾。为了解决城市空间需求的问题，也为了城市集约化发展的需要，许多城市已经在大规模开发利用城市地下空间，如北京、上海、广州、深圳、南京、杭州、青岛等城市已经编制或正在编制城市地下空间总体规划。中国目前地下空间开发利用的主要模式有：

（1）地下交通枢纽模式

结合地铁建设修建集商业、娱乐、换乘等多功能于一体的地下综合体，与地面广场、汽车站、过街地道等有机结合，形成多功能、综合性的换乘枢纽，如上海火车站地下综合体。

（2）地下过街通道—商场模式

在市区交通拥挤的道路交叉口，以修建过街地道为主，兼有商业和文娱设施的地下人行道系统，既缓解了地面交通的混乱状态，做到人车分流，又可获得可观的经济效益，是一种值得推广的模式，如长沙芙蓉路口的地下商场。

（3）站前广场的独立地下商场和车库—商场模式

在火车站等有良好的经济地理条件的地方建造方便旅客和市民购物的地下商场，如沈阳火车站前广场地下综合体。

（4）地下商业中心

在城市中心区繁华地带，结合广场、绿化、道路修建综合性商业设施，集商业、文化娱乐、停车及公共设施于一体，并逐步创造条件，向建设地下城发展，如上海人民广场地下商场、香港街联合体等。

（5）保护性地下广场模式

在历史名城和城市的历史地段、风景名胜地区，为保护地面传统风貌和自然景观不受破坏，常常利用地下空间使问题得到圆满解决，如西安钟鼓楼地下广场。

（6）高层建筑的地下室模式

一般高层建筑多采用箱形基础，有较大埋深，土层介质的包围使建筑物整体稳固性加强，为建造高层建筑中的多层地下室提供了条件。将车库、设备用房和仓库等放在高层建筑的地下室，是最常规做法。

（7）改造地下设施模式

已建地下建筑、人防工程的改建是中国近年利用地下空间的一个主要方面，改建后的地下建筑常被用作娱乐、商店、自行车库、仓库等。中国城市的地下空间利用还处于发展的初期，今后将是中国城市轨道交通建设的鼎盛时期，以地铁、地下车库、地下商场建设等为主体的地下空间开发利用将成为中国城市用地的重要形式之一。对城市地下空间有计划、有步骤地开发，将使城市地下空间成为实现城市可持续发展的重要途径。

第二节　城市空间规划

一、城市空间结构

城市空间是指城市各要素在城市空间范围内的分布和连接状态，是城市结构的空间投影。城市空间的形成和演化，不仅受制于自然地理条件、历史基础和文化传统，更取决于城市生产力的发展水平、城市的经济实力和人们管理城市的能力。从现代城市角度看，城市空间结构合理与否，不仅可以影响城市内各经济要素的配置效应、城市生产的专业化与协作程度、城市市场的覆盖面和消费规模，还关系到城市能取得多大的外部聚集经济效益和产生多大的吸引力与辐射力，甚至对一座城市的兴衰存亡都会产生巨大的影响。将资源型城市作为一个空间系统，探讨其内部和外部各种关系及其优化问题，是资源型城市实现经济转型的一个重要研究视角。

（一）城市空间结构的概念内涵

城市空间结构是在人类社会经济活动的长期历史积累过程中逐步形成的。不同的社会经济发展阶段，其空间结构具有不同的特征。这种特征既表现在国家或区域中的城市空间组织即城市等级体系方面，也表现在城市内部结构方面，它是社会经济结构在空间上的反映。正因为城市是一种特殊的地域，是地理、经济、社会、文化的区域实体，是各种人文要素和自然要素的综合体，所以城市空间结构是一个跨学科的研究对象。由于各个学科的研究角度不同，因而难以形成一个共同的概念框架。尽管如此，许多学者还是对城市空间结构的概念进行了多方面的探讨。

20 世纪 60 年代，试图建立城市空间结构概念框架的早期学者费利认为，城市空间结构概念框架由以下四个层面组成：（1）城市结构包括文化价值、功能活动和物质环境三种要素；（2）城市结构包括空间和非空间两种属性，其中空间属性是指上述三要素的空间特征；（3）城市空间结构包括形式和过程两个方面，分别指城市结构要素空间分布和空间作用的模式；（4）在时间层面，尽管每个历史时期的城市结构在很大程度上取决于前一历史时期，但每一历史阶段城市结构的演变还是显而易见的。基于费利的概念框架，有的学者把城市空间划分为静态活动空间（如建筑）和动态活动空间（如交通网络）。到了 20 世纪 70 年代，学者鲍瑞纳把系统理论应用到空间结构的研究中，他认为，用系统理论的语汇表述城市空间结构概念会更为严谨，因为系统理论强调各个要素之间的相互关系，而这正是城市空间结构的本质所在。因此，他认为城市系统有三个核心概念：（1）城市形态，是指城市各个要素（包括物质设施、社会群体、经济活动和公共机构）的空间分布模式；（2）城市要素的相互作用，是指城市要素之间的相互关系，使城市要素整合成为一个功能实体，被称为"子系统"；（3）城市空间结构，是指城市要素的空间分布和相互作用的内在机制，使各个"子系统"整合成为城市系统。

费利等学者提出了城市要素的空间分布和相互作用，鲍瑞纳又把它们的构成机制作为城市空间结构的一个组成部分，这是城市空间结构概念的一个重要发展。但传统的城市研究受到社会学科方法和地理学科方法之间的学科界限的束缚。社会学科的城市研究仅强调社会过程，而地理学科的城市研究只注重空间形态。因此，学者哈维认为，城市研究的跨学科框架就是在社会学科的方法和地理学科的方法之间建立"交互界面"，并在 1973 年对城市空间结构概念的发展做了更为精辟和明了的论述：任何城市理论必须研究空间形态和其内在机制的社会过程之间的相互关系。

综合上述三种观点，可以将城市空间结构的含义概括为：在一定历史时期内，城市各个要素通过其内在机制相互作用而表现出的空间形态。

（二）城市空间结构的经典模式

在城市空间结构的研究领域，离不开对三大古典模式的理解和认识。

1. 同心圆模式

20 世纪二三十年代，芝加哥学派的伯吉斯通过对芝加哥城市的土地利用结构进行分析，提出了城市空间发展的同心圆模式：城市的各种功能用地以中心区为核心，由内向外做环状扩展，依次形成中心商务区、过渡带、工人住宅区、高收入阶层住宅区和通勤人士住宅区五个同心圆的用地结构。城市居民的社会和经济构成随着与市中心距离的增大而呈上升趋势。由于低收入阶层不断向外扩展，迫使高收入阶层向更为外围的地区进行迁移，形成城市内部空间的演替过程。

2. 扇形模式

扇形模式理论的核心是各类城市用地趋向于沿主要交通线路和沿自然障碍物最少的方向布局，由市中心向市郊呈扇形发展。高收入阶层的住宅区受景观和其他社会或物质条件的吸引，沿城市交通主干道或河岸、湖滨、公园向外发展，独立成区；中等收入住宅区，为利用高收入阶层的名望，在高收入阶层的一侧或两侧发展；而低收入阶层则被限定在最不利的区域。

3. 多核心模式

这一模式最先是由麦肯齐于 1933 年提出，后由哈里斯和马尔曼于 1945 年加以发展。该理论强调，随着城市的发展，城市中会出现多个商业中心，其中一个主要商业区为城市的主要核心，其余为次核心。这些中心不断地发挥成长中心的作用，直到城市的中间地带完全被扩充为止。而在城市化过程中，随着城市规模的扩大，新的中心又会产生。

二、城市空间规划

从空间意义上来分析，城市空间规划可以划分为不同的空间层次。在我国，一般可划分为区域规划、城市总体规划、城市设计规划、居住区规划、城市环境设计规划等。城市空间规划是指对区域与城市范围内经济社会的物质实体进行空间上的规划。

（一）区域规划

1. 区域的概念

区域是一个空间概念，是地球表面上占有一定空间、以不同的物质实体组成的地域结构形式。区域具有一定的范围和界限，也具有不同的层次。按物质内容来划分，"区域"可划分为自然地理区域和社会经济区域以及两者的综合体。区域内部各组成部分之间存在紧密的联系，比如各种自然区、综合经济区，在地理要素或经济要素上具有一致性或关联性，但同时在区域之间又存在差异性。

2. 区域规划的类型

根据区域空间范围、类型、要素的不同，可以将区域规划划分为三种类型：

（1）国土规划

国土规划由国家级、流域级和跨省级三级规划和若干重大专项规划构成国家基本的国土规划体系。它的目的是确立国土综合整治的基本目标；协调经济、社会、人口资源、环境诸多方面的关系，促进区域经济发展和社会进步。

（2）都市圈规划

都市圈规划是以大城市为主，以发展城市战略性问题为中心，以城市或城市群体发展为主体，以城市的影响区域为范围，所进行的区域全面协调发展和区域空间合理配置的区域规划。

（3）县（市、区）域规划

它是以城乡一体化为导向，在规划目标和策略上以促进区域城乡统筹发展和区域空间整体利用为重点，统筹安排城乡空间功能和空间利用的规划。

（二）都市圈规划

都市圈是我国城镇格局中重要的空间形态，也是城市群形成的重要前提条件，在我国区域发展中起着十分重要的作用。我国明确强调，特大城市要适当疏散经济功能和其他功能，推进劳动密集型加工业向外转移，加强与周边城镇基础设施连接和公共服务共享，推进中心城区功能向一小时交通圈地区扩散，培育形成通勤高效、一体发展的都市圈。建设现代化都市圈不仅是城市群发展的有效途径，而且是推进高质量城镇化的重要举措，起着引领区域协调发展、城乡融合发展和乡村振兴的重大作用，也起着引领现代化经济体系建设和经济高质量发展的作用。

1. 都市圈空间扩散理论

空间结构泛指社会经济客体在空间中相互作用及所形成的空间集聚程度和集聚形态。都市圈内各城市和地区间具有广泛的空间联系，形成特定的空间结构。当中心城市发展到一定程度，城市经济面临着空间上的重新配置，中心城市开始优化自身产业结构，经过经济协作、技术扩散和企业搬迁等方式将一部分生产要素和经济活动向外疏散。当生产要素向外疏散并在新的地区集聚时，企业和人口的集聚将促进这些地区的快速发展，使得都市圈内非中心城市快速发展以及新的城市产生发展，从而引起都市圈城市体系的发展及其结构的演变。可见，都市圈经济结构调整引起的产业扩散不仅促成了圈域内的产业分工体系，而且推动了都市圈空间结构形态的改变，促进了合理的城市体系的形成。影响较大的都市圈空间扩散理论主要有离心扩散模式，城市发展阶段模式，生命周期模式和空间循环模式。这些理论都从圈层城市体系的角度理解都市圈的空间结构，用分阶段的视角剖析大都市圈空间结构的演变模式。这些模式关注的（核心城市的）城市化、郊区化以及逆城市化过程，不仅是基于对欧、美、日等发达国家和地区都市圈空间结构变化的总结，更是对都市圈空间结构演变的理论归纳，它们主要从人口在都市圈内部分布的变化状况即人口数量变化速度、比例增减，以及建成区的形成期等因素对都市圈的空间结构演变的规律作出了内在本质基本一致的解释。

都市圈的产业扩散和空间形态的扩散，都是基于经济主体的个体理性，取决于集聚和扩散力量的强弱，当某一主体面临的扩散力量强于集聚力，作为理性的决策者必然选择向周边或其他地区扩散。都市圈中的各种扩散力量引导产业在都市圈的不同圈层、不同等级城市、市区和郊区等蔓延或跳跃性扩散，这也是导致都市圈空间扩散的渊源所在。

2. 都市圈规划内容

都市圈是特定地域空间范围内，存在密切相互联系的具有高度一体化趋势的城镇体系。因此，都市圈空间构成要素既包括城镇实体空间，也包括城镇体系内外的空间相互作用。客观的空间规律通过空间相互作用而影响都市圈空间结构的演进与生长，映射在实体空间要素上；同时在都市圈空间成长过程中，具体阶段的空间结构反作用于系统内空间相互作用的形式与强度，两者的耦合关系共同反映在客观的空间规律作用于都市圈空间生长的程度。

都市圈规划是以城市功能区域为主要对象的城市与区域规划，经常跨越不同层次的行政区域，该类规划的理念与传统的以行政区域城镇体系为主要内容的区域规划有着重大的区别，其规划的重点是协调区域城镇发展、基础设施建设、生态环境保护以及区域性协调组织机制的构建等。一般而言，都市圈规划应该是一种问题规划，是在市场经济条件下，用协调的办法来解决城市发展中的跨界问题，其工作的重点是在完备的纵向控制体系中增加横向的沟通，具体规划内容根据其所处的阶段不同而各有侧重，总的说来包括都市圈空间组织、产业发展、基础设施建设、生态建设与环境保护、区域空间管治协调、协调措施与政策建议。

（1）都市圈空间组织

空间规划确定的空间发展模式和思路是空间管治的重要依据，同时对区域的基础设施建设、产业空间选择、生态环境建设、旅游空间组织等起着导向性的作用。空间规划模式的选择对都市圈空间管治、基础设施建设和进一步的专业规划起到分类指导作用，同时对市场经济下的区域投资选择起着重要的引导作用。

（2）产业发展

在市场经济条件下，区域共同市场的充分发展是空间一体化的根本保证。都市圈产业规划的根本目的在于将都市圈的各市相对优势整合为综合竞争优势，追求资源效益最大化。规划重点是产业发展目标的确定、产业集群的构建和产业的发展空间优化。

（3）基础设施建设

基础设施建设强调共建共享，强调跨区域的协调建设。通过建设发达的综合基础设施网络，促进区内外生产要素流动，带动地区分工与合作，引导区域整体协调发展。基础设施侧重于以适应、引导和推动产业及城镇空间合理布局为导向，坚持"效益优先、适度超前、引导集聚、集约经营"的原则，构筑符合都市圈整体可持续发展要求的现代化基础设施网络。

（4）生态建设与环境保护

协调地区之间生态建设和环境保护矛盾，是都市圈可持续发展的保证。主要包括分区生态环境建设、资源利用协调规划、跨界环境污染整治、区域性防灾减灾规划。

（5）区域空间管治协调

区域空间管治协调是城市、区域规划的新尝试，即在多元化利益主体存在的背景下和尊重地方行政独立的基础上，制定不同区域实施规划的管理对策，体现整体效益的最大化，是针对我国传统的条块管理提出的一种新模式。区域空间管治协调重点内容是区域空间整合、区域性基础设施选址、跨区域基础设施建设协调、大型公共设施建设协调、生态建设协调与环境保护协调等。管治手段体现强制性、指导性并重，在影响区域生态环境的规划建设、重大区域基础设施的空间布局和时序协调上提出强制性要求，在各市可以遵循市场原则自主发展的内容上加强规划引导。

（6）协调措施与政策建议

都市圈跨多个行政主体，内部的行政关系复杂，因此规划应该提出区域性协调措施和区域推进政策，为都市圈一体化发展提供发展平台，协调整个地域的共同发展。主要包括同行政区域相关规划制定、跨行政区域相关规划制定、重点协调管理的空间范围确定、重点协调管理的主要内容、协调机制和批准权限等，以及促进一体化的相关发展政策建议。

三、城市空间与城市经济

（一）城市空间发展与城市经济的关系

根据城市发展的不同阶段和条件，我们可以制定以下三个层次的城市上、下部空间协调发展的总目标。

（1）第一层次：城市空间能基本满足城市各项功能的正常运转和城市居民的正常生活，城市自然环境质量能基本符合要求，这是一个最初级的目标，它标志着城市上、下部空间的协调发展基本上解决了城市空间的主要问题。而我国许多大城市，尤其是特大城市尚未达到这一标准。

（2）第二层次：城市空间能保证城市各项功能高效运转，城市居民生活较为舒适、便利，城市自然环境质量较高。这就要求城市上、下部空间形成良好的体系，发挥城市空间系统的整体效益。

（3）第三层次：城市空间能保证城市各项功能稳定、集约、高效运转，城市自然环境质量较高，人工环境与自然环境关系和谐，形成良好的城市生态系统，城市居民生活舒适、便利、丰富多彩，城市空间能促进城市各项事业全面、健康、可持续发展。这是城市上、下部空间协调发展的最高目标，也是人类城市建设中人、建筑、自然三者协调发展，人与自然和谐共生的城市家园的美好理想。而城市经济作为支撑城市发展的重要指标，在这其中起到了重要作用。

城市经济结构主要包括城市产业结构，人员的从业结构。城市经济的构成成分及其比例，以及各种产业、行业和经济成分在城市经济中的地位和作用十分显著。同时城市空间的功能组成和布局结构对城市经济有着重要影响，它反映和制约了城市经济结构的组成和分布状况及其发展。适应城市经济结构的城市空间形态能促进城市经济的发展，反之则会阻碍城市经济的发展。因此，城市空间是否适于城市经济结构的状况和发展，是衡量城市上、下部空间协调发展的重要标准。

（二）集聚经济

随着经济活动规模与经济活动水平在空间上不断集中，集聚降低成本和增加收益的效应逐步显现。集聚经济有多种形式：内部集聚经济、工业部门之间的联系、地方化经济集聚和城市化经济集聚。集聚经济不仅是城市的基本现象，也是城市经济发展的基本特征。

城市发展的主要原动力是城市经济的集聚效应，城市空间集聚效应的主要内容之一是劳动力市场的规模和整合。具有相当规模、统一的劳动力市场的出现，一方面有利于企业发展，另一方面有利于劳动者就业。对企业来讲，有规模和统一的劳动力市场有利于企业雇用到扩张时所需的劳动力，同时又可以在萧条时期廉价地解雇雇员。这样说是因为对雇员而言，他们在大的劳动力市场中（有很多同样的企业）比在企业单一的城市更容易实现再就业。较高的就业密度增加了人与人面对面的交往机会，而面对面交往不仅是各种合作交流（经济、商业、科学技术、管理、文化等领域）的必要条件，也是思想、文化、科学技术等领域开展发明创造并推广成果的必要条件。两个人随意的一个午餐聚会可能会带来意想不到的创新想法。高科技和第三产业的很多部门都要参与这样的交流。因此，城市高就业密度不仅是现代城市发展的结果，同时也是促进城市发展的动力。进一步而言，世界城市发展经验表明，当大城市有更有效的劳动力市场时，其劳动生产率要高于小城市。规模相当且统一整合的劳动力市场和其规模递增性是大城市存在和发展的内在动力。这里劳动力市场规模递增性是指每增加一个劳动力所带来的边际效应是递增的。

1. 地方化经济集聚

当某一工业部门随着总产出的增加，企业生产成本降低，就会出现地方化经济集聚现象，该现象的产生有多种原因。

首先，一组相同类型的工业活动产生了一群拥有相似技能的劳动力群体，这进一步提高了劳动力市场的效率。商业的周期性波动带来就业的波动，导致劳动力需求的不稳定性。一些需要相同劳动力技能的企业空间集聚产生的劳动力需求要比在空间上分散并相互隔绝的企业分布模式所产生的劳动力需求更为稳定。这是由于企业空间集聚产生的劳动力需求在很大程度上平缓了每个企业所表现出来的较大的就业波动。当然，这有一个前提，即不是所有企业都有相同的商业周期（相同的周期指的是同振幅、同相位和同频率）。如果一个企业位置偏远，与其他同类企业相隔离，那么它在恢复发展的时期会存在雇佣专业技术员工的困难。地方化经济集聚的第二个原因是外溢效应。如果公司地点相互靠近，那么在同一行业内传播技术的潜在可能性就比较大。此外，经营理念和市场信息的传播速度在企业相互临近的情况下要比相互隔离时更快，因而使市场的参与者能够对市场条件变化作出快速反应。偏远地区发展滞后，其中的部分原因就是缺乏获得市场信息的途径。例如，时装行业的发展可以证明这一点，一般来讲，对市场的反应速度是决定时装行业成败的关键因素之一。这就是时装设计公司在纽约市内高度密集分布的原因。

地方化经济集聚的另一个原因是购物的外部性即一个商店的销售受其他商店位置的影响。有两类产品具有购物的外部性特征：一类是不完全替代产品，另一类是互补产品。销售不完全替代产品（如汽车、衣服、鞋子、珠宝及电子配件等产品）的商店集聚，可以降低购物交通成本，有利于吸引潜在的客户。比如，假设有两家商店，销售不完全替代的两个品牌的汽车。如果它们相距很远，两家商店销售量相同，设为每月销售 50 辆汽车。若两家店相邻，为购买者提供了相互比较的机会——比较价格、特征、功能、可靠性等，这样一来逛店的人数会增加。如果假设实际销售量与逛店的人数成正比，那么两家店的需求曲线都会外移，或者销售量增加，进而提高了利润，或者价格升高（如果销售量不变）而使利润提高。对于互补产品其道理相同。销售互补产品的商店愿意互相临近。因为顾客喜欢在一个购物旅程中买到这些互补的产品，如此可以节省购物时间和交通成本。假设一个顾客想买一条裤子和一双鞋，若裤子店与鞋店在一个地方，他就可以一次买到，而不需要跑两趟。这样，他可以节省交通上的花费。而裤子店与鞋店也相互受惠，因为对方的存在吸引了更多的消费者。

2. 城市化经济集聚

城市化经济集聚意味着，公司将因坐落于城市内部而节省成本并获得收益。换句话说，当城市活动扩大时，一个公司的平均生产成本会降低。最常用的城市活动衡量指标是总人口与总产出，这些数据很容易获得。城市化经济集聚的产生有很多原因。首先，在公共基础设施供给方面，规模经济使得经济活动的每单位产出分担较低的基础设施费用。这种成本节约可能最终传递给消费者，比如让生产厂商和消费者缴纳较低的房地产税。其次，临近大城市所提供的大市场降低了将产品运往小市场的交通成本。再次，城市化经济集聚产生的原因在于大城市拥有小城市所不具备的广泛而多样的专门化服务。而需要这些专门服务的企业如果位于大城市将节约成本。最后，行业间潜在的知识与技术渗透潜力在大城市中也是巨大的。重要的是要了解规模经济带来的成本节约不仅有益于企业，而且有益于整个社会。因为一个地方的生产率提高并不是以另一个地方的生产率降低为代价的。但是，经济活动集聚也会带来交通拥挤、高房价、环境污染、高犯罪率等社会问题。在交通拥挤与高工资使企业运行成本增加的地方，这些城市问题将降低城市对个人和企业的吸引力。只有城市集聚效应的正面影响超过这些负面影响，才能继续吸引个人和企业进入城市。否则，城市人口将不断减少，城市商业也将减少。理论上，只要集聚效应的边际收益超过城市病带来的边际成本，城市规模就将扩大，反之城市规模就会缩小。但在现实中很难衡量那些真正带动城市发展的集聚效应。相对来讲，通过城市发展对交通、空气质量、房价等的影响，可以衡量边际成本。但完全的成本（如公共健康、公共安全等社会成本）计算是不可能的。因此，一方面在理论上存在着最优的城市规模，另一方面却无法就任何具体的城市确定出其最优规模。于是我们唯一的选择就是让市场决定城市是否应当增长，通过制定城市政策和城市管理手段，来影响或改变城市发展或衰退的因素，进而促进城市发展。具体而言，市场经济体系下有效的措施和手段主要是投资和税收政策。

（三）就业空间与城市经济

就业空间应该是就业人员从事劳动就业活动在空间上的反映。这一空间首要体现的是其承载就业的功能，即使有时会出现居住、生态等多功能混合的现象，但是其主导功能也应为就业功能。

在都市区空间层面内，就业空间可以表现为三个层次的空间形态。

第一个层次是宏观空间，在实体上表现为就业"中心"或"次中心"。首先这种空间占有一定的空间面积，并且规模较大，拥有企业等就业单位数量较多，是城市经济集聚活动的外在表现，相关就业行业的企业在此聚集。其次就业中心也存在一定的差别，如开发区作为工业企业集聚的产业载体，其内的就业行业呈现出以制造业为主的特征，单个企业的占地面积较大，并且制造业工人占从业人员的多数。而就业中心在西方多与城市中央商务区（CBD）重合，其就业类型以服务业为主，虽然单个企业平均规模多小于开发区，但是凭借企业的数量优势和一定数量的个体经营从业人数，其同等面积空间内的就业人数（就业密度）超过开发区这一类型就业空间。在正常情况下，开发区集聚到一定的规模时可以成为就业次中心。

第二个层次是中观空间，在实体上表现为就业单位集中的就业街区，包括城市内部的各种专业化街区或者城镇的综合服务街区，规模小于就业中心或者次中心。这种就业空间在空间形态上表现为条带状，各种就业单位沿城市的道路分布。其就业类型多为服务业或都市型工业，具有一定的综合性。就业街区为就业中心的组成单元之一，现实中的就业中心是由若干就业街区组成，其间会夹杂着一些非就业型空间，如居住、生态等空间类型。

第三个层次是微观空间，在空间上表现为承载就业活动的单体建筑环境空间，这个空间是组成就业街区、就业中心和次中心的基本单元。其主要是为了满足某一类型就业者完成其生产环节或服务环节而设置的基本空间，多数时候表现为厂房或者是办公楼，或者是更加简单的沿街门面房，其功能是满足从业者对工作场所的基本需要。

从空间结构的角度来说，本书认为在当前都市区就业空间的分析应侧重于以下三个方面：分区就业要素情况、就业中心体系和通勤情况。

分区就业要素情况：分区是指按照地理要素、经济和社会发展基础等状况对都市区进行的空间划区，如今常用的分区方式是圈层划分，即把都市区划分为中心区、近郊区、远郊区等不同类型的圈层。分区就业情况主要是指就业要素在各不同分区上的发展状态，包括对增长或减少、集聚或扩散等状态的描述。

就业中心体系：是指都市区内由就业中心及次中心共同组成的中心体系，在空间结构分析中应该体现各中心区位、数量和构成的变化。

通勤情况：主要是指围绕就业中心进行的通勤状况，在就业空间结构分析中应该关注其主要通勤流向和流量的变化情况。

综上，与产业空间相比较，就业空间更加关注的是就业者的人性需求，对其的研究更要突出"以人为本"的原则，而不是产业空间组织中坚持的原则。产生这一差别的关联原因还在于城市就业人员结构和数量的变化。正是由于从业人数的增多，人口规模的集聚在实现产业集聚带来利好经济外部性的同时，也会产生负面的经济外部性，比如对服务设施的成本需求增加等，并且由于产业空间尺度的增大或者远离原有城市中心，也会造成既有就业人口集聚对日常生活型服务设施的需求难以得到满足。此外，有别于产业空间内的大型工业企业，就业中心内的企业还有大量中小型企业，其在提供生活服务方面存在一定的成本制约，所以就业空间不仅包括提供工作岗位的产业空间，还有与之匹配的服务空间，它是一个多元复合性的空间概念。

（四）产业空间与城市经济

城市的发展受经济活动的影响，经济活动状况是决定一个城市建设发展的主要因素。因此，制定良好的产业政策才能促进城市产业的健全发展。在知识经济时代，高科技产业成为城市经济发展的主导力量之一，而当地空间的研究又对高科技产业的发展至关重要。

任何种类的社会实践活动都具有空间的形式，工作、交通、服务、消费无不涉及空间的概念。从功能角度来看，政治、文化、经济的，如此等等，皆是空间。城市是经济活动的主要载体，城市经济活动最终要落实到空间上。产业空间就是生产领域中的各种活动和要素依据生产关系和规律在地域上分布、组合而成的空间。城市产业空间则是产业活动在城市中运行所形成的空间。不同种类的产业活动在城市地域上布局形成了城市产业空间结构。城市空间结构可以分为城市内部空间结构和城市外部空间结构，相应地，城市产业空间结构也可以界定为城市内部产业结构和城市外部产业结构。城市内部产业结构通常是指城市中商业、工业等产业单位按照生产组织要求和地租情况的分布情况。城市外部产业结构是指城市产业活动跨越了城市的边界，在更广阔的区域内形成的各种经济联系，如我国环绕着渤海沿岸地区所组成的环渤海经济圈。

城市产业空间永远处于不断的运动中，这种运动由城市经济增长、城市产业结构演化、城市间经济联系的变化以及城市空间结构的变化而表现出来。作为较大的技术进步的动力和影响的结果，城市经济空间正变得越来越富有弹性，表现出弹性专业化和基于知识的生产体制特征。城市产业活动区位对于城市经济的发展有着重要的影响，而不同的产业对其区位的要求也不尽相同，需要根据不同的情况进行具体的分析。城市产业活动区位选择的影响因素主要包括自然因素、竞价地租、成本因素、收入因素、利润率、社会文化因素等。

（五）居住空间与城市经济

城市居住空间是城市空间结构的重要组成部分，城市居住空间结构是各个社会群体居住区在城市空间中的具体地理区位、不同社会群体居住区之间所形成的相互影响、相互制约、相互作用的多层次性的空间等级关系，以及该空间关系所反映出来的社会等级关系。城市居住空间不仅是一种地理空间结构，同时它还反映了人类社会在居住上的空间分化，所以它更体现了不同的社会阶层复杂的社会关系在空间上的直观表露，不同社会群体在居住空间的分布上地理位置不同，其阶层等级也不同。因此，城市居住空间结构是一种社会空间结构，它是社会结构在城市地理空间上的外在表现，具有明显的分异和等级结构特征，表现为静态空间分布状态特征，包括居住区的分化、极化、隔离以及共生现象和城市居住空间结构的演化过程，以及不同居住区之间的入侵与演替过程。

现代城市居住空间为了满足建设量的需求，城市大范围出现见缝插针、填空补实的状况，导致更多不符合要求的住宅出现，加剧了居住环境的恶化。一边是力度不够的改造，一边是无法控制的建设速度，使得此时的改造名不副实，没有取得应有的效果，改造也陷入两难的局面。由此可见，国内的改造基本上还是没有摆脱以拉动经济为目的的大规模更新机制，这样的改造动机直接导致了改造的不彻底性和盲目性，对城市产生了巨大的破坏，而这一趋势非但没有得到遏止，反而变本加厉，长期下去，中国的城市必然会重复西方国家的老路。因此，纠正这种错误的更新模式是我们眼前必须完成的事情，也只有这样才能使城市面貌恢复生机，也有利于解决由于拆迁改造所产生的居住矛盾问题，城市与自然共存、人类与自然对话、谋求环境与城市的共同发展已成为城市发展的方向，建设生态化城市已成为园林界共同关注的焦点之一。

四、城市空间设计

（一）城市空间设计概述

1. 含义

城市设计既为城市规划提供思路和形象化的发展目标，也为建筑设计提供前提和轮廓，城市设计具有更多的立体性、可操作性和示意性。从一定意义上看，城市设计就是创造使人类活动更有意义的人造环境，改造现有的空间环境。城市设计的主体是空间环境设计。良好的城市空间环境涉及空间的尺度、空间的围合与开敞、与自然的有机联系等。城市广场、街道和公园绿地系统构成了城市空间的主体。城市空间设计就是研究城市空间的几何形态、空间中的建筑和小品、空间的构成要素、空间的组织手法等。城市空间设计还包括对影响城市总体形态的关键性要素进行控制，保留城市原有的空间体系和城市结构，从而使后期的局部设计与原有城市格局相呼应。从设计手法看，现代城市比古代城市和近现代城市复杂。古典时期的城市设计师主要考虑广场、轴线、视觉秩序等；现代的城市设计师主要考虑市民以不同速度行进时对空间的感受、人在不同空间所产生的行为心理等，侧重于新城区与老城区的联系等。

2. 方法

（1）形状

城市空间总要呈现为一定的形状，有的是规则的几何形状，有的则是不规则的形状，例如直线形的街道、长方形的广场、方格的街坊等，有利于现代城市工程管线的敷设以及施工建造。它使人明确感到一种理性的秩序，如北京天安门广场、华盛顿中轴线等等均如此。不规则的城市空间，有的能使人感到刺激、兴奋、动荡，有的能使人迷离，还有的会给人另外的感受。

（2）质感

城市空间的质感有两方面的含义：一是指空间的界面和底面，如建筑立面、矮墙、树丛和铺地等表面的质感；二是指整个空间系列的质感。一幢建筑表面的纹理、质感处理是设计的重要手段，对城市空间来说也是这样。设想一个人从火车站广场进入市中心区，经过了几段街道和交叉口，如果他所看到的是紧密连续的建筑墙面，其高低相似，与建筑红线的距离也基本相同，那么他所感觉到的空间质感是硬的、密质的、均匀而无疏密变化的，给人的感觉必然单调。如果在街旁有几处建筑物后退，露出树枝摇曳，或有几幢建筑高耸、低矮，或有两处小游园在街头，这个空间的质感就有疏密、硬软、明暗、轻重变化，则显得富有生机，不会令人生厌。

（3）色彩

色彩是用来表现城市空间的性格、环境气氛，创造良好的空间效果的重要手段。我国明清北京城的设计是运用色彩的范例。它以浓重的黄色屋顶、红墙与白色的台座、栏杆为皇宫建筑群的基调，在大片黑瓦、灰墙的四合院住宅群衬托之下，显示着统治者的权势和尊严，西侧的皇家花园则一片葱绿，将黄瓦、红墙对比得分外夺目。如果北京城没有这样卓越的色彩处理，将大为逊色。南京中山陵纪念建筑群采用蓝色屋面、白色墙面、灰色地面和牌坊梁柱，建筑群以大片绿色的紫金山坡作为背景衬托，这一组建筑空间色彩的处理既突出了肃穆、庄重的纪念性环境的性格，又创造了明快、典雅、亲切的氛围。

（4）底面

城市空间的底面主要是指地面，也可指水面。底面的升高和降低是城市设计的重要手段。

（5）室外设施

室外设施包括路灯、座椅、花坛、花盆、电话亭、交通标志、广告牌等等。它们不仅在功能上很重要，而且经常处于人们的视野之中，能给人深刻的印象。

室外设施是创造室外空间的要素，也可以说是做文章时大量使用的"词汇"。例如，几个座椅和花坛，若无秩序地放在一起，可能很丑陋而又无空间感，若进行巧妙的组合，则可以形成非常舒适的"室外空间"。因此，对所有这些设施及它们的布局都应进行精心设计。

在城市里，这些设施常常由不同部门管理和建设，因而少有整体构思的设计，不能对城市空间起积极作用。如果能够统一制作，并作为商品供城市选用，则会给城市增姿添色。正如哈尔滨市中央大街的广告牌与路灯杆结合在一起，其广告设计琳琅满目，与灯杆有机结合，既节约了空间，又显示出韵律与秩序，成为有特色的街道一景。巴黎街道上的书报亭、电话亭、公共汽车候车亭，以及小型投币公共厕所等，设计新颖，都用现代材料制作，不仅方便了市民，也点缀了巴黎的城市景观。

（6）标志

城市标志可以是具有物质功能作用的建筑物或建筑群，或是完全为表达城市形象而塑造的实体，如北京天安门、威尼斯圣马可广场、美国纽约的自由女神像、巴黎的埃菲尔铁塔都是城市的标志。建立城市标志是人们的心理需要，它们凝聚人们对城市的感情，反映着城市的历史、时代的成就或者是特有的卓越地理环境。它们能激起人们对城市的向往或勾起回忆。在旅游图标、纪念品以及地方产品的商标中都展现着城市的标志物，标志物的形象传播广泛，使人们对它的形象的期望极高。因此，城市标志的确定和它们位置的选择，应特别审慎并广泛听取市民的意见。

城市标志经常选择在城市人口密集处，或是市中心地区，或者城市环境最优美的场所。对高耸的城市标志的布局，尤其应充分注意它与周围环境的关系，并预见可能产生的视觉效果。如果一个造型优美的高的标志物，被一群与其高低相近的建筑群包围，则会使它形象受损，表现不出作为标志的形象，就好像在舞台上配角经常挡住主角那样令人遗憾。因此，需要确定几个能保证完美地欣赏到它的视点，还应对其视域加以保护。

标志物还应具有唯一性。这并非指在城市中只能出现一个标志物，而是指同一标志物不宜重复出现。否则会冲淡人们对标志的形象性的感觉。如果我们在西安城里早已见到过许多兵马俑的复制品，就会减弱在欣赏秦俑时的心理冲动，而期待是欣赏和审美过程中极为重要的阶段。此外，城市设计中景观也非常重要，如依山傍水等会增加城市的美感。

（二）智能城市

"智能城市"的概念源自 IBM 公司在 2008 年提出的"智慧地球"的概念，通过使用信息与通信技术将城市的系统和服务打通、集成，以提升资源的运用效率，优化城市管理和服务，以及改善市民的生活质量。同时，智能城市的发展一直在迭代，但也常伴随质疑声。比较多的质疑集中在过去应用中智能城市近乎成为信息化的代名词，较大地偏向基础设施建设。质疑者认为，智能城市在问题解决方面的效用低于供应商所声称的效用。概念模糊、各自为政、脱离实际、安全隐患成了智能城市建设中普遍存在的四个问题，以至于多年来都停留在概念和测试阶段。对此，西方学者也提出新的方向，即从智能城市到城市智慧，从注重设施的智能城市到更加注重问题导向的城市智慧，也就是更加注重可感知的、针对问题解决的思维的落地。例如，"智慧公交"建设，包括电子站牌、基于 GPS 定位的报时与速度监测等。中国虽使用领先于日本的信息技术手段来监测、播报，但公交服务中非常核心的准点运行却没有做到。类似地，近年来出现了诸多所谓"城市大脑"平台，以展示功能为主。从很多平台的宣传描述看，这些平台不具有研判、干预和控制管理的权限和功能。这其实不是"大脑"，而应称作"脸面"，其发展不具有可持续性，经费效用易受到质疑。智能城市应用分为信息化（狭义）、数字化、互联化、智能化四个维度：信息化（基底，像身体）一般为硬件设施，迭代折旧和更新都很快，一般需要量力而行，并考虑扩展弹性；数字化（元素，像细胞）一般针对业务模式的提升；互联化（模式，像语言）强调内外资源的联结、协同和服务；智能化（管理，像大脑）强调功能、服务、管理、决策等环节的自动化和合理化适应能力。

因此，智能城市是指利用各种资讯科技或创新意念，整合城市的组成系统和服务，以提升资源运用的效率，优化城市管理和服务，以及改善市民生活质量。智能城市把新一代信息技术充分运用在城市的各行各业之中，实现信息化、工业化与城镇化深度融合，有助于缓解"大城市病"，提高城镇化质量，实现精细化和动态管理，并提升城市管理成效和改善市民的生活质量。智能城市的发展将在未来城市空间上占据新的格局。

第三章　中心区规划

第一节　城市中心区概述

一、城市中心区的概念与职能

（一）概念

城市中心区是一个综合的概念，其相当于城市的心脏，在城市规划建设中起到举足轻重的作用，是城市结构的核心地区和城市功能的重要组成部分，是城市公共建筑和第三产业的集中地。城市中心区包括城市的主要商业零售中心、商务中心、服务中心、文化中心、行政中心、信息中心等，集中体现城市的社会经济发展水平和发展形态，承担经济运作和管理功能。城市中心包含着城市的商业活动，是商业活动的集聚之所；包含着城市的社交活动，是市民的集散枢纽；包含着大部分公共建筑，是城市文化的展示窗口。城市中心区集中体现城市内人与人之间的社会关系，其特征表现为：作为物质实体，它满足人们各种日常生活和消费需求；作为经济实体，它是城市从生产到消费链条中关键的一环；作为社会文化实体，它是人们社会交往和展示城市文化的主要场所。

在不同的历史发展时期，城市中心区有不同的构成和形态。首先，古代城市的中心区主要由宫殿和神庙组成，符合当时的社会状态；其次，在工业社会中，零售业和传统的服务业是城市中心区的主要功能，市中心是当时城市中心区的代称；最后，城市中心区发展到现在，地域范围逐渐扩大，并出现专门化的倾向，如 CBD 的兴起，但城市中心区的本质仍是一个功能混合的地区。同时，不同规模和区域地位的城市中心区的功能构成和形态是有差异的。

城市中心区作为服务于城市和区域的功能聚集区，不但有商业商务公共服务职能，还应该有居住、交通、管理等功能，用以支撑商务功能的正常运行，保持中心区活力。

（二）城市中心区的职能

城市中心区是城市形态中最突出的部位，具有很强的聚焦力和辐射力，是城市政治、经济、文化、交通、信息、生活的枢纽，在整个城市运转中起中心作用，具有控制、辐射、集结、疏导等功能，是城市人流、物质流、能量流、信息流最集中的地方，也是城市建筑景观和文化景观最突出的部位。其职能有以下五个方面。

（1）生产性服务职能、商务职能，主要包括金融保险、贸易、总部与管理、房地产文化产业、科技服务等类型。生产性服务职能的强弱能够反映城市的现代化水平和全球化程度，是体现城市在区域中经济地位的重要参照职能。

（2）生活服务职能：商业、服务等面向普通消费者的个人消费性服务职能，包括个人服务业、商业零售业等类型。

（3）社会服务职能：主要由政府提供的具有福利性质的社会服务，如卫生、教育、养老等设施。

（4）行政管理职能：政府行政管理部门办公职能。

（5）居住职能：居住功能可以保持中心区活力，减少中心区通勤交通，并为中小公司提供办公场所。

二、城市中心区的历史演变

历史的城市中心区。古代的城市中心区，其形成和壮大并非一朝一夕，而是在漫长的发展演变过程中，受到政治、经济、文化等多种因素的影响推动，形态与格局不断发生变化和调整，具有很明显的历史特征。比如在西方，可以看到在古希腊时期与宗教礼仪有关的卫城和圣地的周围都聚集着敞廊、竞技场、会堂等公共建筑形制。而后由早期市场演变而来的城市广场成为城市活动的中心，并且随之而来的是综合了更多的城市功能，广场的这一功能也随之延续了下来。在古罗马时期，又增加了大剧场、公共浴场等具有娱乐性的大型公共建筑等。中世纪之后，随着市民阶层的兴起和市民文化的强化，城市广场的功能进一步加强，同时与大小教堂相结合，形成一种"广场＋教堂"的中心模式，使宗教上的精神生活与商业的、市民的文化生活结合在一起。

近现代的城市中心区。工业革命给社会发展带来了巨大变化，资本主义的工商业迅速发展起来，大量人口向城市迁移，城市规模急剧扩大，城市数量急剧增加。同时，现代化的交通进一步影响着城市的规模和城市的格局，城市的中心区也经历了"衰落—复兴"的过程。在工业革命的初期，城市的发展是以工业和吸引大批的剩余劳动力的发展为中心，城市往往以工业厂房的群落为中心，辅以相应的工人住宅群和配套设施。这种简单的做法使得城市中心区的环境质量和人居环境的质量非常低。在低质量高密度境况下，卫生条件、居住条件都非常恶劣，但城市中心区还是保持着一定的活力。

直到20世纪60年代，人们对于城市的发展，特别是现代主义影响下的城市发展，开始进行质疑和反思，城市中心区的复兴和实践受到了重视。城市中心区在经过相应的更新和改造之后，功能上得到增加，办公、商业、行政、金融、信息、文化、休闲、居住等功能进一步地聚集和复合，并且在此基础上着力于更高的开发强度，城市中心区成为城市生活和内容高度集约的寸土寸金之地。这样的结果使得城市中心区体现出了比以前任何时期都更强的多样性和复杂性，人们也比以前任何时期更加关注城市中心区的更新和改造。

三、城市中心区的等级与特点

（一）城市中心区的等级划分

由于城市中心区之间存在着较大的差异，不论是从空间区位、等级规模、主导功能，还是从产业特征、经营模式等划分标准入手，对中心区的分类都会出现不同的结果。

（1）按等级规模划分

城市中心区作为城市内不同规模序列和空间范围的公共服务核心，体现出来的一个重要特征就是等级性，根据中心区服务对象和服务范围的差异，可以将其分为市级中心区和片区级中心区。

市级中心区指的是中心区辐射区域覆盖整个城市甚至更大区域范围的公共服务中心，构成了城市中心体系中最为核心的部分，拥有城市内大多数的商业零售、商务办公、金融保险、贸易咨询等高端服务机构，作为城市的功能核心提供经济、文化、社会等公共活动设施和活动场所。市级中心区的发育程度直观地反映出城市服务产业的发展状况，同时也从侧面反映了城市中心体系的整体发展状况，是城市文化特色和城市景观形象的展示窗口。片区级中心区又称"区级中心"，是城市二级中心，主要为空间分区相对独立的地区提供服务。它是片区内部服务功能的载体，作为城市片区功能体的经济、政治、文化等活动的集聚核心，对所服务的片区提供综合服务职能，根据其服务范围的不同，区级中心的用地规模、业态档次相差很大。片区级中心区的服务范围并不是单纯行政区界限的范围，而是受城市功能板块和人口分布的制约。公共服务中心的等级差异造就了其在用地和建设规模、产业档次等方面的等级差异。

在空间形态方面，市级中心区和片区级中心区呈现出截然不同的分布特征：市级中心区呈现出"数量少、强度高"的空间布局模式，而片区级中心区则为"数量多、强度低"的模式，产生如此区别的原因应该是中心区内部产业特性差异所致；市级中心区服务于全市居民甚至更大区域范围，所出现的服务产业经营门槛较高，地价成本也相对高昂，需要较大程度的集聚和开发强度才能吸引市场、稀释地价，以减轻高成本带来的经营压力，保证较高的盈利，而片区级中心区则刚好相反。因此，城市内的市级中心区和片区级中心区内部的功能产业档次会出现较大程度的差异。

（2）按产业特性划分

服务产业根据产业服务对象的不同，大致可以分为以下三类：生产型服务业、生活型服务业、公益型服务业。划分的依据主要是服务产业在城市内所服务的对象和扮演的角色。生产型服务业指的是主要服务于工业生产和商务贸易活动的产业类型，主要包括金融保险、商务办公、酒店旅馆等服务产业；生活型服务业指直接面向广大消费者，为消费者提供消费产品的服务业，主要包括商业零售、休闲娱乐等产业；公益型服务业指的是政府为了保障城市运行、维持社会公平、促进城市发展而提供的服务产业类型，主要包括行政办公、文化体育、医疗卫生等产业类型。服务产业的集聚特性可推动产业"簇群"发展，同时在一定的条件下通过集聚形成城市的公共服务中心。在只考虑单一产业的理想集聚效用下，城市中心会形成三种城市中心区：生产型服务业的单一产业集聚最终形成的是以商务办公、金融保险等服务产业为主导的城市商务服务中心（CBD）；生活型服务业的单一产业集聚最终会形成以零售商业为主导产业的城市商业服务中心；公益型服务业的单一产业集聚最终形成的是具有文化艺术、行政办公、体育健身等职能的城市公益服务中心。

（3）按经营模式划分

服务产业的特性之一就是适度集聚产生"正效应"，从而促进产业"集群"的发展壮大，因此服务产业的出现就意味着集聚的开始。但在城市实际的运行过程中，需要考虑的不仅仅是最大化的资源利用效率，同时应该照顾到公共服务的公平性，即所谓的"效率与公平"并举。因此一些相关产业类型，如行政办公、文化体育等就不能够单纯按照市场化的机制运作，必须通过政府的统一部署、整体把握来进行空间布局。根据公共服务中心经营模式的不同，可以将其划分为两大类：经营型公共服务中心和保障型公共服务中心。

经营型公共服务中心：主要为整个城市乃至更大范围的区域服务的综合职能型和专业职能型中心区，包括城市主中心区、副中心区以及片区级中心区。从主导服务产业投资机制角度分析，其主要通过市场运作调配，积极参与市场化竞争，如以商业零售、贸易批发、金融保险、商务办公、宾馆酒店、居民服务等产业类型为主导；从土地供给角度分析，几乎所有主导产业的土地资源需求均是通过市场竞争得到，与行政、文化、体育等产业产生明显差异；从经营目的角度分析，参与市场化竞争的产业类型均是以经济利益为衡量标准，以盈利为最终经营目的。

保障型公共服务中心：由城市公益型服务产业集聚而形成的城市公共服务中心，其服务范围为整个城市区域甚至更大范围，主要是指城市公益服务副中心。保障型公共服务中心的服务范围虽然也是整个城市，但其与经营型公共服务中心有很大的不同：从产业投资机制分析，可以看出上述中心区的主要投资主体均为政府及其下属事业单位，体现的是一种政府行为，不参与市场化竞争；从土地供给方式来看，其土地均为行政划拨，不依靠市场的配置。其最大的目的并不是市场条件下的利益最大化，而是为城市的生产、市民的生活提供一种必要的保障。

（4）按主导功能划分

各中心区由于发展阶段和空间区位不同、服务定位和辐射范围之间的差异，使得其主导功能各异，有多种主导功能混合的综合公共服务中心，也存在单一主导功能的专业公共服务中心。从主导功能角度入手，中心区可以分为综合服务中心、商务金融中心、传统商业中心、零售商业中心、休闲娱乐中心、会议展览中心、体育健身中心，文化艺术中心、行政办公中心、交通枢纽中心、科研教育中心等。

（二）城市中心区特点

城市中心区是城市的核心，其功能构成主要是行政管理、商业服务、文化娱乐等，通常集中在一个地区形成单核结构，或者组合在一个较大的地域范围内形成带状或十字形结构，或者进一步分化，形成以某一功能为主体的中心，分设在城市不同的地区形成网状结构。显然，在不同规模的城市中，城市中心的结构方式各不相同。在中、小城市，城市中心区将集中大量的公共设施，构成单核或带状结构；在大城市，由于公共设施类型繁多，常常因分化聚合形成以某一功能为核心的多中心结构。

尽管城市中心区的功能组合存在多种可能性，从城市中心的运行机制来分析，城市中心区存在着共同的特征：公共活动性强，建筑密度高，交通指向性集中，运行时存在着"自我强化"的趋势，这些特征在以商业、金融为主要功能的城市中心区更为明显。

1. 城市活动的公共性最强

城市中心区在城市居民心目中有极高的地位，那里有全城最大、最好的设施，有最多的选择机会和权利，即使是同一种商品，在城市中心区也具有极高的"心理"附加值。同样，由于城市中心区具有"核心"的意义，所以各种信息、货物以及形形色色的"城市人"都希望在城市中心区"闪亮登场"，城市中心区成为全城最活跃的地区，即使人们不时会抱怨城市中心区的种种不便，但只要有机会还是非常急切地希望到城市中心区去，满足猎奇的心理需要。城市中心区的公共性主要表现在以下三个方面：

（1）城市中心区拥有种类最多的公共设施

无论是大城市还是小城市，它们都聚集各类公共设施支持城市的公共活动，并从中获得自身的价值与效益。城市中心区按照这种聚集与效率的关系不间断地调整着设施的数量、内容、构成关系，以求获得最理想的运转效果，从而使城市中心区变成一个巨大的货物、信息交换中心和人流聚散中心。

（2）参与活动的人数巨大

与城市其他地区、地段相比，城市中心区是参与活动人数最多的地区，这包括了在中心区工作的各类工作人员，目的性明确的活动参与者和目的性不明确的活动参与者。

（3）城市中心区的活动力度大

城市中心区的活动力度可以通过现场观测或调查分析，最为直观的一项指标是商业设施的营业额。

2. 建筑密度高

城市中心区以建筑密度高、建筑体量大作为其环境特征。由于城市中心区具有最大的区位优势和明显的聚集效益，城市中心区的高密度趋势是一种必然现象，"寸土寸金"是对城市中心区最形象、最恰如其分的描述。

城市中心区趋于高密度主要反映在规模的不断积累上，这包括了"渐进"的过程和"突变"的过程。渐进过程主要表现为中心区的小规模或小范围的更新改造，建筑物在不改变结构或规模的情况下，通过内部改造实现使用功能的变更，或者是小规模的更新改造，适应新功能的要求，使设施与其区位趋于一致。这种小规模、小范围更新改造的渐进过程其实是以"蔓生"的方式达到功能的更替，其结果是在建筑规模不做太大扩张的前提下使设施的公共性达到了最大值，但往往使活动参与者所感受到的是城市中心区公共设施的极度拥挤。突变的过程指城市中心区的大规模改造，通过对中心部分地块的更新扩大其规模，这种做法常常使中心区的规模出现明显的增加，密度趋于极限。更新时采用的设计手法是以裙楼占满基地（留下最小的交通通道），设置公共性最强的项目，以主楼进一步增加容积率，布置办公、客房等一般公共性项目，使之达到最高的投资效益。

城市中心区的更新、改造在地价、回报率的支配下以获得最大的公共性和最大的运转效率为目标，其物质环境表现出两个特征：空间轮廓以高大、挺拔的高层建筑群作为城市中心区的形象特征；在近人尺度范围内，建筑物最大可能地占据基地，构成高密度的沿街立面，以铺地、栏杆替代了草坪和树木，环境进一步趋向人工化。

3. 城市交通指向集中

对于城市来说，城市中心区是城市的核心，城市交通具有明确的指向，即城市各地块以及城市外围地区都以最便捷的方式与城市中心保持联结，城市交通指向集中增强了城市中心区的活力。

城市交通指向集中的特征可以从三个方面来理解，如下：

（1）古代欧洲"环形＋放射"的道路系统

在古代欧洲，大多数城市都以"环形＋放射"的道路系统来组织城市，放射形道路指向城市中心，城市中心由市政厅、教堂、广场和公共服务设施组成，以塔楼、穹顶或纪念碑建立城市的视觉中心，环形道路用来建立城市各部分之间的联系。

（2）我国古代十字形大街

我国古代城市建设有严格的礼制营建制度，"居中不偏""不正不威"，以严、正、方整体现封建社会秩序。一般城市以十字形大街为干道，中心点是台门式门楼（鼓楼、钟楼），棋盘式街区，周边为城墙及护城河，公共设施布置在中心区部分，大城市以这一典型布局进行重复，十字形大街演变为"井"字形或更多的方格。在现代城市中，城市道路系统大多演化成放射状，指向城市中心区。

（3）城市中心区交通密度大

除了对城市道路系统结构的分析，城市日常交通行为也反映了这一特征，城市交通有明确的指向性，越是临近城市中心区，城市交通密度越大。

4. 自我强化的倾向

由于城市中心区所特有的区位优势和可达性，城市生活在不断进步和提高。城市中心区不可能以一成不变的状态维持城市公共活动，也不可能不断地变换城市中心的位置来迎接城市生活的改变。城市中心区的运转规律和城市发展连续性特征，决定了城市中心区具有相对的稳定性和以不断更新的方式来适应城市公共活动的要求，这一倾向可以称为城市中心区的"自我强化"，是经济效率杠杆的作用结果。

第二节　城市中心区规划的理论基础

一、城市中心区的理论框架

城市中心区的建设必然离不开众多理论的支持，下面简单介绍两类理论。

（一）区位理论

区位理论是研究人类选择空间活动区位的，即研究人类各种空间活动应在什么地点最佳、效果最大的理论。该理论萌芽于资本主义商业、运输业大发展的 18 世纪。在 19 世纪初至 20 世纪形成了众多的区位理论，主要有杜能的农业区位论、韦伯的工业区位论、胡佛的运输区位论、廖什的市场区位论以及克里斯塔勒的城市区位论。克里斯塔勒 1933 年在《德国南部的中心地》一书中提出的中心地理论是城市区位论的代表理论，其基本内容是关于一定区域或国家内城市和城市的职能、大小及空间结构的学说，即城市的"等级—规模说"，可形象地概括为区域内城市等级与规模关系的六角形模型。

1. 城市等级模型的阶层性

克里斯塔勒认为城市和城市以及和周围地区是互相依赖、互相服务、有着紧密联系的，而且它们之间的关系有着客观规律。一定量的生产地必将产生一个适当的城镇，这个城镇是周围农村地区的中心地，并且提供周围地区需要的物资和服务，城镇也是与外部联系的地方性商业集散地。他认为，"地球上没有一个国家不被规模不等的城市网所覆盖着"。城市按规模分级，最低级的城镇数量最多，而城镇规模越大，它的数目也就越少。属于最高级规模的城市通常只有一个，它往往是该国的首都。城市等级规模的阶层性表现在每个高级中心地都依附有几个中级中心地和更多的低级中心地。

2. 中心地空间分布模式——六角形网格

克里斯塔勒假设：第一，中心地分布的区域为自然条件和资源相同而均质分布的平原；人口亦均匀分布；人们的收入，对物资和服务的需求以及消费方式相同。第二，有统一的交通系统，对同一规模的所有城市交通便利程度一致，运费和距离成正比。第三，消费者都利用最近设施，减少运费。第四，任何中心地提供的物资和服务价格相等。消费者购入的物资和服务的实际价格等于售价加运费。

他认为，任何一个中心地都有六个同级中心地与之相邻接，它们均匀地分布在更高级中心地的圆形面积上，各级中心地组成一个有规律的递减的多级六边形图形，即一般均衡条件下的中心地空间分布模式。从中也可看出中心地阶层等级体系产生的原因及其形成的过程。

（二）城市中心区的发展定位理论

城市中心区的发展定位既是对公共服务中心在城市中心体系未来发展中可能承担的重要使命的确切表达，也是对其自身地位变化的主动规划。在发展定位的指导下，可以进一步明确自身可能的发展等级与规模。中心区的发展定位是一种认知，从区域城市竞争和中心体系群落中寻找单个公共服务中心的特色、发掘自身的潜力，厘清自身面临的压力、机遇与挑战，从而得到自身独特的发展之路。

1. 不同角度的发展定位

城市的空间发展承载了多个层面的博弈，基于差异化的视角分析一个地区的发展，会得到更加综合完善的结果，这在城市规划学界已形成共识，如崔功豪和王兴平认为城市的发展定位应从区域定位、产业定位和社会形象等角度予以确定。而从中心区的尺度和特征来看，则由区域、功能和形象三个方面共同决定中心区的发展之路。

（1）区域定位

就区域经济角度而言，中心区的发展定位必须置于城市乃至区域的宏观背景下予以分析，尤其对于经济中心城市的中心区而言，需要明确其在城市服务业分工中可以发挥的作用以及在城市中心体系中的战略地位，或者和区域其他中心区的相互关系。在市场经济体制下，经济要素在区域内自由流动竞争配置，任何中心区都是不同层次、范围影响下的服务节点，可能承担一定地域范围的中心服务职能，中心区在不同辐射范围内的发展定位是完全不同的，其发展定位必须在公共服务中心可能发挥作用或者辐射影响力不同层次的区域分别进行分析，明确其在不同层次不同尺度的定位。比如日本东京的新宿中心区，从国际地域来看，其商务办公等职能辐射国际范围；从城市地域来看，娱乐文化和高档商业辐射城市范围；从东京城市西部片区来看，其零售商业、餐饮服务又是服务本片区的生活型服务核心。不同层次尺度的定位叠合在一起，共同构成了新宿中心区的区域定位，从中也能更好地了解中心区的空间复杂性的根源。

（2）功能定位

就职能分工角度而言，现代城市中心区最突出的仍然是各类公共服务作用，因此，其功能定位是中心区发展定位的重要方面。功能定位必须全面分析城市服务产业结构及其演变规律，梳理自身的功能优劣势，明确目前发展的不同主导功能，寻找可以培育的特色功能，作为未来中心区发展的方向。在全球化和市场化的发展背景下，中心区的主导功能主要取决于城市服务产业发展、城市公共服务需求和自身资源禀赋，对中心区的功能定位也应立足于城市中心体系演替的内在客观规律，科学理性地分析判断。如深圳福田中心区在规划建设时期就提出功能定位为"外贸中心和金融中心"，并界定主导职能为"具有金融、商贸、信息、会议展览、经营管理、科技文化、旅游及教育培训机构、宾馆、配套商业和游憩设施等综合功能"，给出了"最终成为城市中心商务区（CBD）"的目标。这个功能定位立足于城市未来发展趋势和本地区临近香港口岸的区位优势，准确的功能定位在此后几十年的发展中起到了极好的引导作用，对福田中心区把握功能分区、严格控制用地也起到了很大促进作用。反之，广州三元里中心功能定位的含混阻碍了中心区的发展，这里原为国际知名的广交会举办地，但是规划定位并未以会展等主导功能为核心来组织空间，于是由于该地区长期没有明确的功能定位，加上毗邻广州火车站导致其特色并不明显。

（3）形象定位

就形象定位而言，主要从地域文化特色、历史民俗特色、景观环境特色等角度对中心区不同空间特色进行概括，形成性格鲜明的中心区形象，避免"千城一面"的泛国际化倾向。城市中心区作为高度集聚和一体化的空间尺度，即使处于相同的地域文化圈和地理小环境之中，还是可以根据不同因素界定其空间形象的（如文脉传承不同、地形微区位差异、主导功能业态不同等等）。正如北京的西单、前门、中关村和西客站等中心区在形象定位上就有很大的区别，这种差别能够增强市民对于特定中心区的印象认同，也容易形成鲜明的形象个性，强化对公共活动场所的心理认知。

2. 不同层面的定位要求

在城市中心区的发展过程中，经常会面临城市各层面对其发展的不同要求。从微观意义上看，老城中心区的建设，目的在于复兴城市活力，阻止街区衰退，提升周边地区的经济、文化环境，而新城中心区的建设，目的在于集聚服务机构，塑造现代都市形象，带动新城地区的发展；从中观意义上看，城市中心区的建设，应与城市其他中心区分工不同、特色各异、共同组成城市服务产业的空间骨架；从宏观意义上看，它应面向提高城市核心竞争能力，抢占区域服务产业链的高端核心这一更具长远性、全面性的目标。因此，在中心区的发展目标定位过程中，要综合考虑城市总体发展，同级中心区分工及自身发展资源禀赋三个层面的要求，引导城市中心区的规划建设符合三者的需求，方向一致。

（1）城市发展层面的要求

研究城市发展战略，其意义在于明确中心区与城市发展的总体关系，这不仅有益于在城市参照系中为城市中心区确定恰如其分的坐标，而且也从根本上为发展目标的制定设立了一个客观的理论基点。城市要在激烈的区域竞争环境中保持优势地位，必须把城市的优势服务资源集中起来，培育核心竞争力，在这种城市竞争战略中，营造特色的中心区是重要内容之一，它有利于强化城市的服务产业高端功能，形成服务机构和公共活动的集中区域，并产生区域聚集与辐射效应，对于增强城市硬竞争力和改善城市的软竞争力都具有重要的战略意义。以北京前门传统商业中心区为例，前门地区是以前门大街为主轴并向两侧作纵深发展的综合商业区，从城市发展角度来看，它有三重性质：一是承载着城市历史文化积淀的曾经异常繁荣的传统商业中心；二是大量人流、车流汇聚的北京老城南北交通干道与游览主线；三是城市中轴线体系的重要组成部分，与其他核心地区如故宫、天坛等构成城市核心空间序列，是城市骨架脊柱的核心段。因此，基于城市层面的发展定位，前门传统商业中心区的规划建设，首先是从城市格局和重要文物古建的保护出发，继承和发展南中轴线，控制开发强度。从整体上看，南中轴线的空间处理可以分成两段：天桥以南按规划红线两侧留出绿带，形成一条开敞宽阔的林荫大道；天桥以北，珠市口至前门箭楼一段，则保持繁华商业街的形式。它以前门箭楼为对景，体现老北京传统风貌。

（2）同级中心区层面的要求

城市中心区作为城市商业、商务、公共活动、文化娱乐的核心，在发展中要把握好与同级中心区的关系，职能错位、各有分工，这样，才能更好地满足市民多元化的选择需要，突出其在城市中的服务特征。以天津小白楼中心区为例，在20世纪90年代末规划建设时，小白楼中心区作为城市的副中心，既要与劝业场、古文化街等其他市级中心区紧密结合，又要发挥各自的专业特色。因此，在充分调研和分析的基础上，小白楼中心区决定依托海河的滨水景观环境优势和近代租界风貌区的特色，发展商务产业，功能定位与已有中心区各有侧重。劝业场中心区的发展定位以综合百货商业和餐饮娱乐职能为主，以结合西式教堂的欧式风格为其特色；古文化街传统商业中心以传统民俗商品为主，以传统民居风貌突出历史文脉和地方民俗；小白楼商务中心以金融证券和贸易办公机构等现代商务产业为主，突出其CBD职能特色。这些同级中心区在经营性质、内容特色、建筑风貌上各具特色，错位发展，互为掎角之势，较好地发挥了综合经济效益，适应城市生活的需要。

（3）中心区自身发展层面要求

城市中心区长期的发展与变迁，对其形态留下独特的烙印，在发展目标确定过程中，应当兼顾中心区自身资源禀赋情况和未来发展远景，在现实与理想之间寻找平衡点。以苏州老城观前街中心区为例，观前街建筑风貌由于社会历史的诸多原因，从观西到观东存在着由现代到传统的过渡特征，西段以现代建筑形式为主，集聚了老城最大规模的综合商业设施，在现代风貌中体现一定的地方风格；中段以玄妙观为核心，形成浓郁的传统建筑风格；东段以苏州地方风格为主，体现一定的时代气息，这种变化，是在历史发展中自然形成的，有深厚的经济、文化根基。因此，在发展定位中，规划认为观前街中心区既不同于现代商业中心（如新加坡海湾—乌节中心区），也不同于纯粹的传统商业中心（如上海城隍庙）。一方面它是苏州商业高度发展的反映，另一方面它也是苏州古城文化的标志，这种双重性的复合定位应在规划中明确体现。

3. 不同目标的定位

城市中心区规划的总体目标应是增强城市核心服务功能，改善城市公共活动环境，促进城市经济文化活力，为此城市中心区的发展目标定位可划分成经济目标定位、景观目标定位和文化目标定位等方面，其中每个目标定位涉及不同具体内涵，但又完整地统一在城市发展这一总体目标下。

（1）经济目标定位

城市中心区的发展属于城市服务产业的经济分工和业态更新，其涉及的内涵首先偏重经济因素，一般来说最先被考虑的因子为服务产业结构调整、消费结构多元化、运营模式更新等能直接影响城市中心区经济效益的几个重要方面，因为它们的变化会促进城市公共服务设施布局的调整以及相关道路交通系统的更新重组，从而最终成为城市空间结构变动、土地利用性质调整的动因。

（2）景观目标定位

城市中心区景观目标的提出，一般发生在城市社会经济水平已达到一定高度的时期。经济的发展给城市民众带来生活水平的提升，随之提高市民的审美要求，这些城市审美需求集中反映在城市中心区等典型地区。城市中心区的发展要塑造富有现代气息的都市形象，也要体现城市特色的景观环境，进而推动整个城市地区的活力。

（3）休闲目标定位

中心区也是城市最重要的公共活动和交往场所，市民在这里进行各种社会公共活动。因此，中心区在服务设施和交通高度集聚的同时，也要求开辟足够的广场、步行街、绿地公园、滨水步道等公共开放空间，构建中心区开放空间体系，提供市民在此休憩游玩等公共活动。

（4）文化目标定位

城市历史文化的体现与弘扬是中心区追求经济利益最大化的基础上，更加注重物质空间背后的隐性发展要素。城市中心区发展中的文化目标强调以体现全面的地方文化和历史传统特色为目标，并通过空间形态、建筑风貌、景观环境手段使文化渗入城市居民心中，具体内容包括历史环境保护、传统文化复兴和地方特色发扬等。

由此可见，城市中心区的发展定位涉及城市诸多内涵，这些定位需求各自有特定内容，同时又具有内在的统一性与协调性，形成完整的定位系统。在发展定位过程中，城市中心区不仅要立足区域，为服务产业的集聚和城市经济发展服务，而且亦应注意城市中心体系内多个中心区的错位分工发展的各项标准，建立高度集约利用的空间形态；与此同时，还应注意中心区的景观品质与文化内涵，实现社会活力的全面发展。城市中心区的发展必须建立在多重角度、多重层次和多重目标体系上，为其综合发展找准方向。

二、城市中心区的发展形态

（一）单核结构形态

集中型中小城市的结构一般都是单中心模式。城市的主要商业活动、商务活动、公共活动都相对集中在城市中心。就商业活动来说，全市性的商业中心在整个城市商务活动中居于绝对优势。这种中小城市单核结构的布局通常有两种形式：一种是围绕城市的主要道路交叉口发展，形成中心职能聚核体，这种中心布局形式常常出现在小城镇中，其结构形态都非常单纯；另一种则是集中于一段或几段街道的两侧，形成带形或块状的商业街区，这是中等城市单核中心常见的布局形式，如扬州的城市中心职能主要集中在石塔路、三元路、琼花路等几条主要商业街上，其规模占总商务面积的一半以上。

除集中型中小城市外，一些综合性大城市的城市中心区也属于单核结构形态类型。这类城市的城市中心一般是多功能性的，既有发达的商业服务设施，也有相对发达的商务办公设施。另外，这类城市的一个主要特点是拥有相对完善的城市中心体系，除主中心外，还有若干次一级中心，但主中心的首位度很高，因此从总体上来说仍然属于单核结构形态类型。例如，南京城市中心区自 80 年代以来发展很快，除了商业零售设施的大规模建设外，最引人注目的变化是大量商务办公空间的出现，城市主中心新街口地区已经成为综合性的商务中心。除新街口主中心外，还有二级中心、三级中心若干，形成城市中心体系。

（二）多核结构形态

当城市发展到一定阶段，原有的城市中心不能容纳快速发展的城市中心职能时，也就是说城市中心规模达到其承载极限时，就会在另一个地方发展新的中心，形成城市的另一个核心或副中心，这是双核或多核城市发展的一般过程。这种情况通常出现在较大规模城市或历史性城市中。

国际性大城市由于城市规模的巨大及城市在世界经济中占有重要地位，其城市中心职能趋向多样化和高级化。在发展过程中，由于原有中心地域结构的限制，不可能满足日益增加的城市中心用地的需求，特别是以对外服务为主的国际性大城市中心职能，这种规模的增加与区域的发展有很大的关系。在中心职能构成中，中心商务职能是增加最快，同时也是最能代表城市地位的要素。这就要求开辟新的商务中心，来配合城市结构和地位的变化。

东京和巴黎在这方面具有一定的代表性。由于日本经济的迅速崛起，东京作为世界性城市是继纽约、伦敦之后的后起之秀。东京城市中心地区近 20 年来一直面临商务办公面积需求的巨大压力。东京都千代田区的丸之内中心是东京传统的商务中心，20 世纪 60 年代以来，特别是 20 世纪 80 年代这一地区金融办公设施激增，成为东京中心区的核心。为减轻都心办公需求的持续高压，20 世纪 70 年代规划建设新宿副都心，20 世纪 80 年代规划并建设临海副都心。今天新宿建设已日趋成熟，临海副都心的发展是作为商务信息港，故东京商务中心分别由丸之内金融区、新宿办公区及临海信息港三个中心构成，形成东京的商务中心网络。

巴黎的城市发展过程中历来强调历史文化风貌的保护，因此，当原有的历史中心区达到饱和时，其扩展自然是选择原中心之外的特定地点，新建中央商务中心，形成老的中心与新的商务中心并存的结构。这些新中心包括西北郊的拉德芳斯、北郊的圣丹尼、东北郊的鲁瓦西和博比尼、东郊的罗斯尼、东南郊的克雷泰伊，还有西南郊的维利兹和凡尔赛。特别是拉德芳斯，已发展成为法国面向 21 世纪、欧洲大陆最大的新兴国际性商务办公区。在一些历史文化名城中，为了保护旧城的整体特色和历史文脉，限制旧城的发展，在旧城一侧另择址新建现代化新城，形成新旧城并存的结构。旧城重点发展特色商业和旅游业，原有中心的魅力并未消失，新城中心作为新兴的商业商务中心，体现了城市的现在和未来。这种双核结构对于完整保护历史名城具有重大的实践意义。欧洲的一些古老城市如佛罗伦萨、罗马等，原有的古城被完好地保存下来，在新址上兴建新的市区，形成城市的多元结构。比如对罗马的保护采用了分级保护的方法，将全城划分为绝对保护区和外形保护区，在城外另建新城，把现代风格的高层建筑集中在新罗马，形成新的市级中心。中国的苏州为保护老城而开辟了新区，将城市大部分新兴功能从老城剥离出来，形成两个并列的市区中心。另外，多核结构布局也应用于组群式城市布局中，特别是那种工矿城市中，由于地方资源的开发和利用，自然而然地形成了多中心的城市群。中国山东淄博市就是典型的例子。这是由 20 余个小城市构成的多中心大城市，它的各个小城镇以张店、周村、辛店、淄川及博山为中心，均匀地分布在作为全市骨架的丁字形胶济和张博铁路上，而张店和博山两个中心完全发挥着大城市中心的功能，形成城市组的多元中心体系。

第三节　城市中心区具体规划设计

一、城市中心区规划设计概述

（一）意义

城市中心区是规划设计的重要内容，它是城市整体结构的核心地区，也是城市功能的重要组成部分。城市中心区没有很明确的定义，其物质界定就是公共建筑与第三产业的大量集中为城市居民集中提供经济、政治、文化等活动设施和服务空间。

由于城市中心的重要性，其规划直接影响到居住工业、道路交通系统等城市关键要素乃至影响到城市的布局结构和总体发展，其地域特点如公共开放建筑、人群密集等。我国正处在城市化高速发展时期，许多问题还在不断地出现和不断地完善解决中，这些都需要规划设计人员进行专业知识的培养和训练并依据城市中心服务半径和性质的不同分为不同的类型。从城市公共活动的功能和性质来分，城市中心有行政管理、经济、商业、文化、娱乐、游览等功能的要求，有的城市中心兼具多种功能，但以一种功能为主；按服务半径来分，有服务全市的城市中心，有服务城市各行政区的区中心，也有只为某个居住街区服务的居住中心。

城市中心应有与其功能相对应的活动场所、公共休闲场所、道路、绿地、景观小品、公共设施等。这些设施依据类型组合形式的不同可以组织成开敞空间，也可以与街道广场结合布置形成一个中心区。城市中心区往往是一个城市最具有标识性的地区。这类标志性建筑或建筑群形成的特色环境不仅应满足城市建设社会生活的要求，市民活动娱乐的功能需求，更应满足精神层面上的需求，同时应具有体现城市内涵和魅力的功用。

（二）存在的问题

1. 尺度

在经济利益的前提下，城市中心往往潜藏着巨大的商机利润。人们以种种现代化口号为动力，其设计建筑高度一再增加，高建筑密度远远脱离最初的规划要求且零散的功能交通组织使中心区空间结构的整体性受到了破坏，高层建筑拥挤不堪，巨大的建筑尺度使城市中心区失去了应有的秩序与和谐。

2. 交通

由于城市机动车数量的增长，城市中的交通系统往往集中或穿越城市中心区，通过拓宽道路的做法收效甚微，立体交通在短期内难以形成体系。此外，缺少停车面积是目前大量城市中心存在的问题，如自行车停车基本靠少量停车位、人行道、隔离带等。而汽车的停放则更是个难题，尤其在北京等特大城市，车多地少的城市中心常常有车找不到合适的停车位。

随着我国城市化的发展，中心区的矛盾与问题将逐步显露，面对这样的问题，必须从整体出发控制其结构，保持整体的协调性，从整体入手寻求解决问题的途径。目前城市设计提出一些实施办法，如为缓解中心区交通过于集中的局面，提倡多层次的立体交通，提倡人性化服务设计，如更多的步行街区停车场所、街头休息场所；提倡公共场所的开放性、文化性、艺术性等，这些在具体的城市设计中都应当有所体现。国外大城市的城市中心区在形态上趋向城市整体骨架，由环状路和放射性道路组成中心区并由环路包围，内部以步行为主形成区域性的小环境，这个区域以保护和维持为主，放射性干线行车相交于环路同时控制车速，这部分形成内外转换区或者叫"缓冲区"，在放射干线与环路交接处设置不同规模的停车场，停车场与公交线路和通向城市中心的步行商业街相连，形成系统多层次的车行路线，其点、线、面的组合城市设计是未来一段时期的设计模式。

具体在设计城市中心区时首先要解决的问题是如何妥善安排各种公共活动如商务往来、休闲购物、饮食住宿、观光旅游等，以及配备相应的建（构）筑物和开敞空间。城市中心区规划不仅是安排中心区土地利用情况和交通组织，更要注重中心区形象的塑造。其空间尺度的把握、建筑形体的设计和城市景观的组织都是城市中心区规划中的重要内容。城市中心区规划应从整体上考虑，注重综合性的同时具有较强的可达性和鲜明的识别性，空间组织上有收有放，连续又不乏变化。

（三）城市中心区规划的特点

从前城市中心的发展处于缓慢的动态平衡，即破旧的建筑是逐渐被更新的；但是，随着现代科学技术的突飞猛进，打破了中心区自我更新的局面，建筑平衡发展，缓慢更新的状况不复存在了。在这种情况下，作为大规模的城市中心改建方针政策和实施战略的程序，系统规划的任务便加重了。

城市中心区规划具有以下五个特性。

1. 关联性

这是指城市中心规划与城市规划及区域规划的密切关系。城市中心的规划是城市的一个组成部分，城市中心的功能是由城市规划决定的，所以这种整体与部分之间的关系是定不可移的。此外，城市中心的功能（比如购物功能）的吸引圈，通常超过所在城市的范围，扩展到整个区域，因此，在制定城市中心规划的时候，要考虑区域规划对它的要求。

2. 连续性

这是指制定与实施城市中心规划是一个渐进的连续过程。这是因为改建城市中心的规划，是由交通状况、建筑破旧的程度，财政以及技术水平决定的。所以，不能指望用某种全新的建筑形式，一下子全部取代城市中心原有的旧建筑，而是要先制订一个改建旧建筑的轮廓计划，在这个轮廓计划中逐步以新建筑取代旧建筑。

3. 客观性

城市中心区的规划与设计，虽然是以城市中心的功能为出发点的，但是，它又不是人们主观愿望的产物，它必须以实地调查为基础，以客观条件为依据。

首先必须对土地的利用和交通状况进行调查，并把调查的结果反映在图纸上。关于土地利用的问题，在图纸上要表示出商业设施数量、办公设施的密度以及各种建筑物的使用形式、建筑年代和寿命等。商业设施数量表示为，要有建筑面积和店面前的面积。办公设施密度表示为容积率，即建筑的各层面积之和与该建筑用地面积之比（建筑面积取各层有顶盖的面积的总和，用地面积包括邻街道的宽度的一半，加上人行道、内部通道和小块种植面积）。关于交通问题，在图纸上应表示的内容是，步行人流和人的集中场所，交通工具活动的状况（车辆的流出量和流向），交通工具种类及起止点。关于步行者和交通工具的联系问题，要调查人流进出停车场、建筑物的情况，公共交通系统的线路、数量以及下车地点等。

4. 具体性

根据上述调查结果进行分析，并以报告书和城市中心规划图的形式提出改建、扩建计划和方针政策。一般中心区规划的表现形式为，从土地的利用和交通的图表，到模型和极为详细的报告书。

5. 共同性

城市中心区规划的内容可因城市的不同而有很大的差异，但是，它们的共同性是远远超过彼此间的差异性的。

一般城市中心区规划都必不可少地要表示出，交通工具和步行者的主要活动路线、停车场、公共绿地、城市景观、建筑物用途，占地范围和密度，尤其是已经荒废的中心区，为城市改建提供了机会，更是城市规划应该关注的问题。

二、城市中心区的设计开发原则

美国学者波米耶在《成功的市中心设计》一书中，曾论及城市中心区开发的七条原则，其内容基本包括了中心区城市设计的要点。

（一）促进土地使用种类的多样性

城市中心区土地使用布置应尽可能做到多样化，有各种互为补充的功能，这是古往今来的城市中心存在的基本条件。城市中心规划设计可以整合办公、商店零售业、酒店、住宅、文化娱乐设施及一些特别的节庆或商业促销活动等多种功能，发挥城市中心区的多元性市场综合效益。

（二）强调空间安排的紧密性

在现代城市中心的规划布局考虑上，其开发项目不论是直接为本市居民服务的，还是间接为本市居民服务的，甚至不为本市居民服务的，都有集中布置的趋势。一般来说，将具有相近功能的设施集中在一起是有利的，这不仅对这些设施本身的日常运营有利，而且也能更好地为人们服务。紧凑密实的空间形态有助于人们活动的连续性，同时，空间过于开阔也会导致各种活动稀疏和零散。在城市设计手法上推荐采用建筑综合体的布置办法"连"和"填"，即填补城市形体架构中原有的空缺，沿街建筑的不连续，哪怕是一小段，都会打断人流活动的连续性，并降低不同用途之间的互补性。

（三）提高土地开发的强度

无论从经济的角度看，还是就城市中心在城市社区中所起的作用而言，城市中心区都应具有较高密度和商业性较强的开发，只是需注意不要对城市个性和市场潜能造成过大的压力。应该认识到，高强度的开发未必就是建高层建筑。对交通和停车要求也应有周详的考虑，中心区中最常见的高楼大厦被大片地面停车场所环绕，这种做法是不可取的。此外，城市土地的综合利用也是保证土地开发强度的一种有效方式。在规划设计这些空间关系和品质时，应特别关注沿街建筑在水平方向的连续性和建筑对空间的围合作用。

（四）注重均衡的土地使用方式

城市中心区各种活动应避免过分集中于某一特定的土地使用上。不同种类的土地利用应相对均衡地分布在城市中心区内，并考虑用不同的活动内容来满足白天与晚上、平时与周末的不同时间需求，如果只安排商务办公用途，那到了夜晚和周末，就会使中心区萧条冷落、无人问津。

（五）提供便利的出入交通

车辆和行人对于街道的使用应保持一个恰当的平衡关系。对于大多数中心区来说，应鼓励步行系统和街面的活动，如鼓励人们使用公交运输方式，并在步行区外围的适当位置设计安排交通工具换乘空间节点等，有条件的场合应尽量采用多层停车场，并在停车场的底层布置商店及娱乐设施等，一些大城市则在中心区设置大规模的地下停车场，如日本的名古屋、东京，法国的巴黎，美国的波士顿等。

（六）创造方便有效的联系

创造方便有效的联系即在空间环境安排上考虑为人使用的连续空间，使人们采取步行方式能够便捷地穿梭活动于城市中心区各主要场所之间，如美国明尼阿波利斯、中国香港等城市中心区的人行步道系统，这些联系空间应将市中心区主要活动场所联系起来，在整体上形成一个由街道开放空间和街道之间的建筑物构成的完整的步行体系。

（七）建立一个正面的意象

建立一个正面的意象即应让城市中心区具有令人向往、舒心愉悦的积极意义，如精心规划布置中心区的标志性建筑物，设置广场和街道方便设施和建筑小品、环境艺术雕塑等等，这样就有利于为中心区建立一个安全、稳定、品位高雅的环境形象。

总之，城市中心区应是城市复合功能、地域风貌、艺术特色等集中表现的场所，具有特定的历史文化内涵，同时它又常常是市民"家园感"和心理认同的归宿所在，应让人感受到城市生活的气息，也是驾驭城市形体结构和肌理组织的决定性空间要素之一。

三、城市中心空间组织及设计

城市中心为人们的商业金融、行政办公、文化娱乐、休闲、居住等活动提供场所空间。因此，中心空间组织要满足这些城市活动的功能需要，根据人的视知觉、心理及行为，合理组织，以创造和谐、有序的城市空间体系。

（一）轴线及其空间组织

1. 轴线法则

轴线是城市空间有机联系的"骨架"，轴线空间也是一种线性空间，轴线成为城市空间的一个基准。围绕这个基准关联不同层级和联系紧密的空间已经成为有序组织城市空间的有效方法。城市空间可以利用道路、建筑、绿地、地理要素（水系和山体）作为基准线来组织轴线和进行城市群体布局，以表现城市特点和突出规划设计主题。

一些城市中心往往用轴线建立空间的秩序，以此组织城市空间程序。城市中心通过轴线采用对称性或均衡性的布局，有效地组织城市建筑，联系城市街道或道路，结合河流或山脉建立绿化空间，串联具有文化或纪念意义的广场空间，最终使城市中心形成一个秩序分明、整体统一的空间体系，如明清北京城中轴线、法国巴黎城市大轴线、美国华盛顿市中心轴线等。

2. 空间序列设计

空间序列是根据组成要素的整体结构、顺序和布局，将一系列不同的空间进行组织和连接，通过空间的对比、转承、渗透和引导，创造富有个性的空间形象。人们在这种序列空间中可以感受到空间的收放、对比、延续、烘托等乐趣。

城市空间序列设计强调建立场所的次序和视觉方向性，成为城市空间有效组织的关键。城市中心遵循序列组织原则，使各自为政的空间整体统一。建筑与空间依循轴线呈现起始、过渡、高潮、尾声等循序渐进的变化层次，创造一个极具秩序的城市空间体系，这样的设计能够使人们在轴线的序列中获得具有期待感、层次丰富的空间体验。城市中心利用轴线组织不同的功能用地及建筑群体来获得序列感和节奏感。

（二）交通空间组织

城市中心为了符合行车安全和交通通畅的要求，又要避免人车互相干扰，必须确定不同动线空间的规划设计，保证人车安全、舒适地通行，以及机动车、步行道、客流、货流合理的组织。

城市中心是居民活动大量集中的地方，并且分布有影剧院、博物馆、商场等重要的大型公共建筑，因此，结合这些建筑出入口需要布置停车场和广场。为了接纳和疏散大量人流，这些大型公共建筑必须加强与轨道交通大型站点（如地铁交通站点）及其他交通换乘点的整体规划设计及整体建设，保持中心区有便捷的公共交通联系；过境交通尽可能从城市边缘道路（城市外环路）通过，防止穿越城市中心区；根据城市规模、车流轨迹特征和人流活动规律，城市中心可采取多层次的立体化交通网络（高架道路、立交桥、地铁、轻轨、公共交通），以及提倡"以人为本，步行优先"的原则，创造立体化步行网络（步行岛、高架步行平台、步行街、人行天桥、地下通道等步行活动空间），保证人车流线空间的畅通，解决人车交织的矛盾。

（三）延续传统历史文脉，创造中心风貌特色

城市中心特别是商业中心，其商业活动反映了城市传统的社会功能和意义。然而，随着城市的演变和经济的发展，这些传统商业中心的建筑也会存在物质结构的退化或功能使用方面的降低，因此，其保护与更新设计的重点在于尊重已经存在的城市空间形态和建筑格局，反映建筑及其场所在历史、文脉、结构、功能上的关联性。

传统历史建筑在新发展的设计控制上需要强化文脉传承的意义，新建建筑应与有保留价值的建筑协调配合，并创造性地利用原有的建筑语言（建筑体量、建筑风格、墙面材料、外观色彩、门窗形式、屋顶形式等），创造商业中心新的风貌特色，体现商业中心历史环境的妥善保护、再生利用与持续发展。

四、商业中心区设计

（一）城市中心区的商业、商务职能发展方式

1. 以商业中心为主的城市中心区

不同规模城市，其辐射范围大小不同，城市中心的服务对象也有差异。中小城市规模较小，一般是特定行政区域（如市域或县域）的中心城市，其服务范围常常辐射广大农村地区，因此，它只是一般的商品集散地，这就决定了这类城市的中心职能比较简单，以商业服务为主。城市中心就是其商业中心，商业中心规模小，主要内容是零售商业和饮食服务业。

2. 商业与商务结合的城市中心区

商业与商务结合的城市中心发展方式常出现在地区性的中心大城市发展过程中，如省会城市或省际区域城市等。这类城市主要是在一定区域内发挥作用，是一个地区的经济、文化、交

通中心。在城市中心区内，除了传统的商业服务职能外，还有相当规模的商务办公职能，具有一定的商务中心的作用。其中一些城市的中心区具有向CBD发展的潜质，在经济全球化的影响和推动下，将逐渐发展为具有国际影响的CBD。上海的城市中心区就是这种发展方式的代表。自19世纪中叶，特别是20世纪20年代以来，外滩地区相继集中了一批高层建筑和金融机构，南京东路也发展成为商业繁华之地，上海成为远东有影响的商贸中心。中华人民共和国成立后，由于政治和经济体制的原因，上海中心区的商务功能萎缩，但南京路仍是全国闻名的商业街。改革开放以后，上海在加强中心区商业服务职能的同时，特别注重提升中心区的商务职能，浦东陆家嘴商务中心的建设正是这方面的体现。因此，上海作为全国经济中心城市不断发展，其中心区也将向着具有全球影响的CBD的方向迈进。

3. 以CBD为主的城市中心区

以CBD为主发展城市中心区的城市主要是指具有国际辐射力的综合性特大城市。这种国际性城市的中心区规模很大，其显著特点是中心区功能以商务办公专业化服务等高级职能为主，一般都有发展成熟的CBD。CBD在城市中心区的布局形态有两种主要形式：一种是综合式布局，CBD是在原有中心区的基础上发展而来，城市中心区是一个包括CBD和其他中心职能的综合区域，但以CBD职能为主，如纽约的曼哈顿；另一种是分离式布局，当城市的商务功能发展到一定程度时，城市原有中心的容量达到饱和，限制了中心功能的进一步发展，于是在新的地方另建商务中心，形成新的CBD，如法国巴黎的拉德芳斯新区就是这样发展起来的。拉德芳斯曾是巴黎西郊的一个默默无闻、人口稀少的小村庄，但从20世纪60年代至今，规模巨大，30余幢办公楼组成的综合实体，已奇迹般地发展成为法国面向21世纪、欧洲大陆最大的新兴国际性商务办公区，被誉为"巴黎的曼哈顿"。

（二）城市商业中心区设计

1. 城市商业中心的位置

在理想状态下，城市商业中心的区位应接近城市的几何重心即地理重心，这样，城市内所有点到商业中心的直线距离之和将趋于最小。但由于城市居民的分布不均，商业中心的区位也必须尽量接近城市居民的分布重心。此外，居民分布密度越高、越集中，对商业中心的影响越大，因此商业中心一般在接近居民分布重心的基础上，向居民分布密度高、集中成片的生活区偏离。比如南京市居民分布重心在中山路西侧附近，城南为高密度集中成片的生活区，新街口商业中心接近密集成片的城南生活区。

城市商业中心要使所有的消费者活动便利，就必须具有最佳的交通可达性，所谓"可达性"，是指人们从住地到达商业中心的方便程度，所有活动者到达中心的时间距离总和应该最小，因而商业中心区位通常也接近居民交通可达性分布重心位置。

某些城市商业中心区位还受到城市性质的影响。比如一般地区经济中心中小城市与乡村经济联系频繁，商业中心为地区性消费中心，不仅为城区居民服务，还要为广大的郊区和农村居民服务，后者在数量上往往超过前者，这类城市的商业中心通常需要和对外交通设施有紧密联系。例如绍兴市是浙东地区的经济和贸易中心城市，商业中心不仅要为城市居民服务，每日还要满足数以万计的进城农民的购物需求，这些农民又是大量农副产品的销售者。农民需要通过城市的主要对外交通设施，如火车站、客运码头、长途汽车站等出入城市，而这些对外交通设施都集中在城北，因此，商业中心区位偏向城北，北自大江桥，南至清道桥形成繁荣的商业街。

具有特殊职能的风景旅游城市，当风景区接近城市时，旅游活动将影响商业中心的区位。杭州市西湖风景区与城市毗邻，风景区不仅是游客的游憩场所，也是城市居民日常活动的场所。这种布局形态使城市与西湖毗连的湖滨地区具有潜在的聚集效益，因而在城市的主要生活干道延安路与解放路交会处发展形成"L"形的商业中心，成为游览区的一部分，与居民区呈偏心状态。

2. 商业中心构成

城市商业中心是居民购买力实现的场所，是人们的生活服务中心，这是商业中心的生活服务职能。在现代城市中，更重要的是人们邻里交往的扩大和延续，使得商业中心成为居民社会交往的场所之一。城市商业中心的形态、建筑式样、店面装修经营方式以及人们在商业中心活动的特点，都是城市文化的一个重要方面，也是一种物质体现。

3. 空间形态

（1）带状中心

带状中心是指沿街线性展开布置的带状商业街，普遍存在于各大中小城市。商业街是一种历史悠久且在今天仍被证明是行之有效的商业空间形态。在商业中心的规划建设中，无论是从原有人车混行的商业街改造而来的各种步行商业街，还是新建的步行商业街和购物中心，都会把公共设施沿线展开，与街结合作为最基本的空间布局形式。带状中心其设施沿某一道路布置成为单一线形布局，也可以沿几条道路的方向带状延伸形成 L 形、T 形、十字形等布局形式。带状中心须处理好通过车辆与中心人流的交叉干扰。

（2）块状中心

随着商业中心规模的增加，简单的沿城市道路的扩展，人车矛盾加剧或商业中心过长，因此，较大规模的商业中心一般都采用块状的布局形式，形成商业街区或广场式商业中心。商业街区是街坊式布局的块状商业中心，各项功能部分在道路围合的街坊内组织，满足了城市交通与商业文化等公共活动的相对独立，街坊内形成安全舒适、丰富多变的步行空间。广场式商业中心在国外较多，较为著名的有瑞典法斯塔斯市中心，以步行广场为核心空间组织各项设施，巨大的梭形广场由两层公共建筑围合，东西两侧布置了大量的停车场，结构简单，布局紧凑。

（3）立体式中心

随着汽车的增加，城市中心用地日趋紧张，平面土地使用有限，出现了立体式的空间布局形式。通过立体化的交通组织，人流、车流、货流在三度空间上分隔，将商业中心各功能部分按平面与竖向分区相结合，构成多层面立体式商业中心。立体式中心的缺点在于造价昂贵，技术复杂，消防、治安、卫生等都有一定难度，并使城市居民进一步远离自然。

在实际生活中，大部分城市商业中心的空间形态都不能截然分为带状、块状或立体式，而呈现多种空间形态混合的状态。在规划建设中，应把握各种形态的优缺点，因地制宜，取长补短。

4. 道路交通组织

从我国目前的情况来看，大多数城市都存在商业中心的交通拥挤、环境质量差等问题，因此，无论是已有商业中心改造，还是新的商业中心建设，都应充分了解其道路交通现状，并通过交通调查分析，预测交通量，进行商业中心道路规划设计。

常见的商业中心道路交通组织形式可归纳为人车混合式、平面分离式及立体分离式三种类型，可分别与带状、块状与立体式商业中心相对应。

从城市总体布局到商业中心的规划设计，通常采用以下办法解决商业中心的交通问题：

（1）调整布局

调整城市商业体系，建设商业副中心，分流以缓解原中心的交通压力，拟通过完整的城市商业体系平衡交通。在商业中心规模加大时，则应调整其内部用地布局形态，如偏重一侧发展，可减少人们横穿道路的需要，或由带状商业中心调整为向块状中心、立体式中心发展，逐步将人车混行的交通系统改为人车分行系统。

（2）改善道路系统

预测交通量，根据商业中心的发展模式规划合理的道路交通网络，满足交通需求，对原有商业中心的道路系统的改造，同样可以采用开辟外环路、修建平行道路、增加道路密度、加宽路幅、增设停车设施的办法。例如，苏州市观前街既是城市商业中心，又是一条联系城区东西向交通的主要道路，为此，城市开辟了因果巷、干将路，并与现有的人民路、临顿路形成环路，不仅疏散了交通，也为将观前街建设成有特色的步行街奠定了基础。南京市为解决中山路的交通干扰问题，规划开辟和拓宽了一条南北向的平行干道——洪武路，形成双轴线型的城市道路新布局。

（3）优化交通组织

合理地组织城市商业中心的交通，也可以达到改善交通的目的。通常采取的措施包括：限制交通，即限制通过的车辆种类、（某些车辆的）通过时间和行车方向；实行交通分流；建立完善的步行交通系统。

5. 形体环境设计

城市商业中心形体环境的设计内容包括三个方面，即实体设计、场景设计和空间设计。其中"实体"即构成商业中心形体环境的各种要素，它们之间的组合与相互关系表现为"场景"和"空间"。

（1）实体设计，包括各种公共建筑、附属设施、辅助设施、绿化、水体、造景小品和界面的设计。例如，商业中心的建筑应具有公共性和开放性，并具有一定的商业广告效应。

（2）商业中心的场景是指商业中心形体环境中各种构成要素的组合形式。场景设计应注意构图的要求，并运用光影和色彩丰富场景。空间是商业中心内人们进行各种活动的"容器"，良好的空间感受一方面取决于空间的现状、尺度、组合等因素；另一方面也与围合空间的实体组合场景的丰富性有很大关系。

五、行政中心区规划设计

（一）城市行政中心的概述

1. 基本概念

城市行政中心是国家或地方政府及行政管理机构集中的办公场所和各种相关事务处理的中心，一般行政中心包括政府及所属的各个职能部门。因此，行政中心一般也是体现国家和地方政治功能的重要区域。

国家的行政中心所在地城市被称为"首都"。在首都的国家政府集中办公场所则是国家最高权力机构工作、对外联系、对内行政的指挥中心，是国家权力的集中象征。

地方政府的行政中心所在地城市被称为"省会城市"，亦通俗地称之为"省政府所在地"。省政府一般与该城市的地方政府分开设置，两者属于上下从属关系。

一般城市的行政中心是该城市行政辖区的最高管理机构所在地。根据行政机构及辖区设置的不同，还会设置不同辖区的行政中心。因此，城市行政中心根据等级、辖区的不同而分级设置。

2. 城市行政中心的内容构成

由于不同国家的体制不同，行政机构设置的内容也不相同。在我国，一般行政机构由政党、政府、人民代表大会、政治协商会议、司法等构成。

3. 城市行政中心在选址布局上的要求

城市行政中心的位置选择，一般设在城市中心地区，且处于城市中心相对独立的地段。规模较大的城市行政中心一般独立布置，不与城市其他功能混合。但一般小城市或城镇的行政中心，则可能与其他功能综合，如行政中心与文化中心的结合；行政中心与商业服务、办公等功能的综合等。也有一些城市并不将行政中心设置在城市的地理几何位置中心，而设置在新开发区，其主要目的是引导新区的发展；也有城市行政中心或由城市特殊的空间结构及历史发展的原因而形成。

（二）城市行政中心的规划设计

1. 行政中心的功能

行政中心所具有的功能，简单地说就是城市政府机关行政办公的场所，城市政府对外联系和对内管理的指挥决策中心，城市政府各职能部门办公和行使权力的场所，以及政府为市民办事服务的窗口等。

行政中心由于其形象上的标志性以及作为城市的象征和代表，城市中一些具有重要纪念意义或公益性的社会活动也会在此进行，因此，也具有集会和仪式举行的功能。

2. 行政中心的空间特点

行政中心一般是以综合性建筑或建筑群组成的具有办公、对外行政服务、会议等功能的组合空间。根据用地条件和城市空间的特点，行政中心较多采用多层或高层建筑形式，以节约用地和提高办公效率。建筑和建筑群的艺术形象较多地强调办公楼的严肃性和端庄大方的特点，并且是城市政府形象的重要体现。有较多的行政中心，为突出群体形象和庄重的特点，采用轴线对称的布置手法。行政中心的外部空间较多采用亲民的效果，如市民广场作为行政中心的前景，并通过前景空间突出行政中心的形象。

3. 行政中心的建筑形象

办公楼是行政中心主要的建筑形式，其行政内部活动空间主要为会议、接待以及后勤服务等。行政办公中对外联系较为密切的是行政服务中心；较为重要的各职能部门一般独立设置办公楼和场所，但一般与行政中心的联系仍较为密切和直接。

4. 行政中心的道路系统

布局和功能组合上：一般将对市民联系较多的行政办公部门设在与外界联系方便和直接的位置，而将行政内部办公设于相对隐蔽和内聚的位置，以避免干扰。行政中心的交通组织上：车行通畅，内外分流，适当的人车分流，充足的停车空间，与外部联系便利，能够适应人流集中的活动，同时与公共交通（公交或轨道交通）联系便利。

5. 行政中心的规划用地指标

行政办公用地：指党政行政机关等市属机构，以及非市属的行政管理机构和办公设施用地。

六、会议中心区规划设计

随着我国社会经济的快速发展以及与国际交往活动的日益频繁，作为信息交流与传播的重要手段的会议数量不断增多，规模也不断增大，会议产业的社会经济影响力也进一步提升，会议中心也因此迅速发展起来。会议中心产业的快速发展及时满足了会议市场增长的需求，有效地带动了城市会议产业乃至整个社会经济的发展。

（一）关于会议中心的分类

会议中心依据其目的与相关功能的特点，可分为以下两种类型：

1. 会议中心

构成"会议中心"至少需要以下三个条件：

第一是能够满足中型（如300～500人）以上会议基本需求的类型齐全的会议室，而且这些会议室在空间上相对比较集中；第二是会议室的专业性较强，如具备专业视听设备等；第三是具备餐饮及住宿功能。另外，从发展趋势分析，未来会议中心需具备一定的展览功能以及丰富的休闲、娱乐、美食、购物、健身、文化等配套，从而成为真正意义上的"会议综合体"设施。"会议中心"的综合配套水平是决定其竞争力高低的重要因素之一，换句话说，缺乏酒店等配套设施的"专业会议中心"的竞争力将会大打折扣。

2. 会展中心

由于会议与展览活动很多时候是交织在一起的，会议附带展览以及展览附带会议将是我国会展业发展的基本趋势。因此，会议与展览功能相结合是会议中心设施的基本组合模式之一。发达国家尤其是美国的会展中心，具有很强的会议功能。我国前些年建成的"会展中心"实际上是"展览中心"，会议功能很弱。不过根据调查，我国刚刚建成以及正在规划建设的"会展中心"，其会议功能大多都比较强。与发达国家不同的是，我国"会展中心""博览中心"设施中的会议设施部分通常会被称为"会议中心"。以会议、展览功能为主，再辅之以其他相关功能，这类设施就成了"会展综合体"。

（二）会议中心规划设计的基本原则

1. 综合性

由于会议持续的时间比较长，一般都在2～3天，甚至3～5天或更长，会议团队这段时间的工作、生活都需要在会议中心设施中完成，因此，会议中心需要为会议团队提供以下几个方面的服务：提供举办会议所需的各种条件，如会议室等；满足会议代表生理方面的需要，如吃、住等；满足会议代表会议之余的休闲、娱乐、购物、美食、健身、文化、艺术等方面的需求。另外，随着我国会议产业的发展以及会议与展览融合步伐的进一步加快，会议中心具备良好的展览、展示条件就显得日趋重要。

长期以来，国内一些人对于会议中心应有功能的认识比较片面，他们觉得只要有一个开会的地方就行了，至于会议代表其他方面的需求就很少会去考虑。随着我国社会经济的快速发展以及人们生活水平的不断提高，会议代表对于会议中心设施的要求必将越来越高。从发展趋势看，会议中心在核心功能（如会议室等）过硬的条件下，综合性越强，竞争力水平就越高。

2. 一体化

"一体化"主要是指对会议中心设施进行集约化规划和设计，使会议中心的各项核心功能与辅助功能在空间上尽可能相互靠近，以最大限度地方便会议代表在各个功能区间走动，提高设施的综合利用率等。"一体化"规划设计可以有效减少由于天气等因素对会议代表在各功能区间活动产生的干扰。初步测算，采用"一体化"规划设计的会议中心，不仅效率提升、能耗降低，其聚集人气方面的效果也是数倍于分散功能的会议中心设施。从会议展览设施发展趋势分析，"一体化"是必然发展方向。但与发达国家相比，我国会议中心设施在"一体化"规划设计方面还有很大的差距。

3. 高科技与环保

在发达国家，会议中心设施是最能体现高科技与环保技术水平的建筑类型之一。虽然我国新建会议中心设施的科技含量与环保技术水平都在快速提升，但整体状况与发达国家仍有很大差距。从发展趋势看，国际会议中心的高科技因素主要与互联网、通信、视听以及现场技术等有关，而环保技术则通常与节能、绿色、生态等联系在一起。代表着国际绿色建筑物最高标准的美国 LEED 认证，是国际会议中心设施在绿色方面追求的最高目标。新加坡的滨海湾金沙是目前国际上获得 LEED 认证的规模最大的会议娱乐综合体设施。我们国家一些会议中心设施在这方面需提高的地方还很多，有的会议中心非但谈不上高科技与环保，就连基本的节能都很难做到。比如，不能有效把握空间层高与当地气候条件之间的关系，从而造成大量能源浪费；空间布局设计不合理从而导致能源消耗过高、人力资源浪费等。会议中心设施规划设计相关的原则很多，无法一一讨论，比如，国际性与本地特色、辅助功能的亮点策划等也很重要。随着社会进步，节奏的加快，会议中心只是作为"开会的地方"的时代已经结束，未来的会议中心将成为"工作＋娱乐"的地方，这就对会议中心规划设计相关方，如投资方、运营方以及规划师、设计师等，提出了严峻的挑战。

七、城市中心区地面和场景设计

（一）地面设计

1. 图案

地面图案是一种能影响人的心理和行为的要素，它可以对行人产生流动和停息的暗示。线形、长方形图案具有方向性，对人的活动产生指示作用；方形、六边形图案不具有明确的方向性，稳定而安宁；而圆形、曲线形和放射形图案具有向心性和趣味性，易于引起人们的注意，因此常用于群体聚集、停息、活动场所或建筑的入口等重要位置。

2. 色彩

在城市中心区阳光照射有限的区域和阴影部分宜采用浅色、明快色和暖色的材料铺地，以消除光照不足形成的沉闷感和阴郁感；而在阳光照射较强的区域，则应采用暗色、表面质地粗、反射能力弱的材料；在建筑出入口或街道、广场的重要位置上可采用色彩较为醒目的地面铺装以强调其重要性。

3. 纹理和质感

不规则的纹理具有动感和自由活泼的气质，规则的纹理则可以形成一定的秩序性，从而使人产生稳定感和节奏感；粗糙的地面富有质朴、自然和粗犷的气息，尺度感较大；细腻光亮的地面则显得精致、华美、高贵，尺度感较小。纹理和质感的选用应根据预期的使用功能、远近观看的效果以及阳光照射的角度和强度来进行设计，并形成一定的对比，以增加地面的趣味性。

4. 台阶与坡道

地面的台阶或踏步除作为交通道路连接不同高度的地面之外，还可以作为不同空间的分界线，并增加地面的层次性、趣味性和引导性。踏步的设计并不只限于平行的直线式，还可采用引人注目的曲尺形、折线形或曲线形等，踏步的宽窄也可以有一定的变化；坡道设计要求比较缓和，方便轮椅、婴儿车等的推行，同时坡道的形式感较强，如果组合得当也可以产生富有层次感和变化感的空间。

（二）场景设计

城市中心区的场景设计是指城市中心形体环境中各种构成要素的组合形式，它强调的是呈群体状态的实体本身。

场景设计应注意以下两个方面的要求。

1. 构图的要求

城市中心场景的基本构图要求是多样统一，也就是要求构成城市中心形体环境的各要素之间既有区别又有联系，按照形式美的一定规律有机地结合成为一个统一的整体，就各要素的差别可以看出多样性和变化，就各要素之间的内在联系可以看出和谐与秩序。具体说来，场景的构图原则包括简洁与丰富、重点与从属、均衡与稳定、对比与类似、韵律与节奏、比例与尺度等。

2. 光影和色彩的运用

光影、色彩和质感对于场景的丰富起着不可忽视的作用。

（1）光影

城市中心的设计必须重视人工采光的设计与运用，尤其是在夜间，如果没有柔和的路灯、闪亮的广告灯箱、五彩的霓虹灯和泛光灯等设施的照明，城市中心的形体环境就会黯然失色，实体、场景和空间都会变得含混不清，环境气氛也会显得冷落萧条。光与影是相伴而生的，适当的光线明暗变化和光影对比可以很好地展现实体的体积、场景的深度以及空间的层次，斑驳的光影本身也能产生富有韵律感和动感的构图。

（2）色彩

场景中色彩的运用主要是要处理好实体之间以及实体与自然环境之间的协调关系，为此，必须确定场景的色彩基调。一般来说，场景的整体色彩基调宜简不宜繁、宜明不宜暗、宜淡不宜浓，而场景的细部构成如座椅、饮水器、雕塑等则可用醒目的色调，这样既有提示性，又可以点缀画面，活跃场景气氛。另外，植物的配置也可从一定程度上丰富场景的色彩构成。

第四章 公共基础设施规划

第一节 城市给水工程规划

一、给水工程规划与城市总体规划的关系

城市给水工程规划是根据城市总体规划所确定的原则，如城市用地范围和发展方向，居住区、工业区、各种功能分区的用地布置，城市人口规模，规划年限，建筑标准和层数等规划原则来进行。因此，城市总体规划是给水工程规划布局的基础和技术经济的依据。同时，城市给水工程规划对城市总体规划也有影响。

（1）给水工程规划的年限通常与城市总体规划所确定的年限一致，近期规划为5年，远期规划为20年，亦有按10年规划的。

（2）城市给水工程的规模，直接取决于城市的性质和规模。根据城市人口发展的数目、工业发展规模、居住建筑层数和设备标准等确定城市供水规模。

（3）根据城市用地布局和发展方向等确定给水系统的布置，并满足城市功能分区规划的要求。

（4）根据城市用水要求、功能分区和当地水源情况选择水源，确定水源数目及取水构筑物的位置和形式。

（5）根据用户对水量、水质、水压要求和城市功能分区、建筑分区以及城市自然条件等，选择水厂加压站、调节构筑物位置及输水干管的走向。

（6）根据所选定的水源水质和城市用水性质确定水的处理方案。

在进行区域规划和城市总体规划时，应注意给水水源选择。如果城市周围水源调查研究资料表明，水资源不能满足城市供水要求时，则对城市或工业区的位置或发展规模的确定，应十分慎重，以免由于水源不当或水量不足给城市建设和发展带来严重后果。

城市规划中，与给水工程规划有关的其他单项工程规划有：水利、农业灌溉、航运、道路、环境保护、管线工程综合以及人防等。给水工程规划与这些规划应相互配合、相互协调，使整个城市各组成部分的规划做到有机联系。例如：

（1）在选择城市给水水源时，应考虑到农业、航运、水利等部门对水源规划的要求，相互配合，统筹安排，合理地综合利用各种水源。

（2）城市输水管渠和给水管网，一般沿道路敷设，因此，与道路系统规划、竖向设计十分密切，在规划中应互相创造有利条件，密切配合。

（3）给水工程规划还与管线工程综合规划有密切联系，应合理地解决各种管线间的矛盾。

二、城市给水工程规划的任务

城市给水工程规划的基本任务，是经济合理和安全可靠地供给城市居民的生活生产用水和用以保障人民生命财产的消防用水，并满足他们对水量、水质和水压的要求。

(一) 城市给水系统的供水对象

城市给水系统的供水对象一般有：城市居住区、工业企业、铁路车站、船舶码头、公共建筑等。各供水对象对水量、水质和水压有不同的要求，概括起来可分成四种用水类型。

(1) 生活饮用水。生活饮用水包括：居住区居民生活饮用水、工业企业职工生活饮用水、淋浴用水以及全市公共建筑用水等。生活饮用水水质应无色、透明、无臭、无异味，不含致病菌或病毒和有害健康的物质，应符合生活饮用水水质标准。生活饮用水管网上的最小服务水头应根据多数建筑层数确定，一般应符合现行《室外给水设计规范》的规定。

(2) 生产用水。属于生产用水的有：冷却用水，如高炉和炼钢炉、机器设备、润滑油和空气的冷却用水；生产蒸汽和用于冷凝的用水，例如锅炉和冷凝器的用水；生产过程用水，如纺织厂和造纸厂的洗涤、净化、印染等用水，冶金厂和机器制造厂的水压机和除尘器用水等；食品工业用水是制作食品的原料之一；交通运输用水，如铁路机车和船舶港口用水等。由于生产工艺过程的多样性和复杂性，因此，生产用水对水质和水量要求的标准不一。在确定生产用水的各项指标时，应深入了解用水情况，熟悉用户的生产工艺过程，以确定其对水量、水质、水压的要求。

(3) 市政用水。市政用水包括街道洒水、绿化浇水等。

(4) 消防用水。消防用水只是在发生火灾时使用，一般是从街道上消火栓和室内消火栓取水，用以扑灭火灾。此外，在有些建筑物中采用特殊消防措施，如自动喷水设备等。消防给水设备，由于不是经常工作，所以可与城市生活饮用水给水系统合在一起考虑，扑灭火灾时，根据消防用水量和消防时所需水压以加强生活饮用水给水系统工作。只有在对防火要求特别高的建筑物、仓库或工厂，才设立专用的消防给水系统。消防用水对水质无特殊要求。

除上述各项用水外，给水系统本身也耗用一定的水量，如水厂自身用水量及未预见水量（其中包括管网漏失水量）等。

(二) 城市给水系统规划的具体任务

城市给水系统规划的任务，一般包括以下六个方面：

(1) 估算城市总用水量和给水系统中各单项工程设计水量。

(2) 根据城市的特点制定给水系统规划方案。

(3) 合理地选择水源，并确定城市取水位置和取水方式。

(4) 选择水厂位置，并考虑水质处理方法。

(5) 布置城市输水管道及给水管网，估算管径及泵站提升能力。

(6) 给水系统方案比较，论证各方案的优缺点和估算工程造价和年经营费，选定规划方案。

三、城市给水工程规划的一般原则

城市给水工程规划应符合国家的建设方针和政策，在城市总体规划的基础上，提出技术先进，经济合理，安全可靠的方案。

城市给水工程规划的一般原则如下：

（1）城市给水工程规划应能保证供应所需水量，并符合对水质、水压的要求，并当消防或紧急事故发生时能及时供应必要的用水。

（2）给水工程规划中必须正确处理城镇、工业、农业用水的关系，合理安排水资源利用；节约用地、少占农田；节约能耗和节省劳动力。

（3）城市给水工程应按近期设计，考虑远期发展，远近期结合，作出全面规划。对于扩建、改建工程，应充分发挥原有工程设施的效能。

（4）给水系统总布局（统一、分区、分质或分压等）的选择应根据水源、地形、城市和工业企业用水要求（水量、水质、水温和水压）及原有给水工程等条件综合考虑后确定，必要时提出不同方案进行技术经济比较。

（5）城市中工业企业生产用水系统的规划设计应充分考虑复用率（生产用水量与生产用水重复使用量之百分比）的提高，不仅要从经济效用上研究，还要顾及社会效益和环境效益。

（6）给水工程规划应积极采用科学试验和生产实践所证明的经济而先进的新技术、新工艺、新材料和新设备。

（7）水源的选择应在保证水量满足供应的前提下，采用优质水源以确保居民健康，即使有时基建费用稍高，也是值得的。采用地下水为水源时，应慎重估计可供可采的储量，以防过量开采而造成地面下沉或水质变坏。确定取水构筑物地点时，应注意水源保护的要求。在符合卫生要求条件下，取水地点越靠近用水区越经济，不仅投资省，而且维护管理费用也经济。

（8）输配水管道工程往往是给水工程投资的主要部分，应多作方案比较。

（9）给水工程的自动化程度，应从科学管理水平和增加经济效益出发，根据需要和可能，妥善确定。

（10）给水工程规划，应执行现行的《室外给水设计规范》，并且符合国家与地方城乡建设、卫生、电力、公安、环保、农业、水利、铁道和交通等部门现行的有关规范或规定。在地震、湿陷性黄土、多年冻土以及其他特殊地区的给水工程规划设计，尚应按现行的有关规范或规定执行。

四、给水工程系统的组成与布置形式

（一）城市给水工程系统的组成

给水工程，按其工作过程，大致可分为三个部分：取水工程、净水工程和输配水工程，并用水泵联系，组成一个供水系统。

（1）取水工程，包括选择水源和取水地点，建造适宜的取水构筑物，其主要任务是保证城市用水量。

（2）净水工程，建造给水处理构筑物，对天然水质进行处理，以满足生活饮用水水质标准或工业生产用水水质标准要求。

（3）输配水工程，将足够的水量输送和分配到各用水地点，并保证水压和水质。为此需敷设输水管道、配水管网和建造泵站以及水塔、水池等调节构筑物。水塔或高地水池常设于城市较高地区，借以调节用水量并保持管网中有一定压力。

在输配水工程中，输水管道及城市管网较长，它的投资占很大比重，一般占给水工程总投资的 40%～70%。

配水管网又分为干管和支管，前者主要向市区输水，而后者主要将水分配到用户。

（二）城市给水系统的布置形式

城市给水系统的布置，根据城市总体规划布局、水源性质和当地自然条件、用户对水质要求等不同而有不同形式。常见的六种形式如下：

（1）统一给水系统。城市生活饮用水、工业用水、消防用水等都按照生活饮用水水质标准，用统一的给水管网供给用户的给水系统，称为"统一给水系统"。对于新建中小城镇、工业区、开发区，用户较为集中，一般不需长距离传输水量，各用户对水质、水压要求相差不大，地形起伏变化较小和城市中建筑层数差异不大时，宜采用统一给水系统。

（2）分质给水系统。取水构筑物从水源地取水，经过不同的净化过程，用不同的管道，分别将不同水质的水供给各个用户，这种给水系统称为"分质给水系统"。此系统适用于城市或工业区中低质水所占比重较大时采用。它的处理构筑物的容积较小，投资不多，可节约大量药剂费和动力费用。但管道系统增多，管理较复杂。

（3）分区给水系统。将城市的整个给水系统，按其特点分成几个系统，每一系统中有它自己的泵站、管网和水塔，系统和系统间会保持适当联系，以便保证供水安全和调度的灵活性。这种布置可节约动力费用和管网投资，缺点是管理比较分散。当城市用水量较大，城市面积辽阔或延伸很长，或城市被自然地形分成若干部分，或功能分区比较明确的大中型城市，有时采用分区给水系统。

（4）分压给水系统。它由两个或两个以上水源向不同高程地区供水，这种系统适用于水源较多的山区或丘陵地区的城市和工业区。它能减少动力费用，降低管网压力，减少高压管道和设备用量，供水较安全，并可分期建设。主要缺点是所需的管理人员和设备比较多。

（5）重复使用给水系统。从某些工业企业排出的生产废水，可以重复使用，经过处理或不经处理，用作其他工业生产用水，它是城市节约用水有效途径之一。

（6）循环给水系统。某些工业废水不排入水体，而经冷却降温或其他处理后，又循环用于生产，这种给水系统称为循环给水系统。在循环过程中所损失的水量，需用新鲜水补给，其量为循环水量的 3%～8%。

五、城市给水工程规划内容

（一）城市用水标准及用水量的估算

城市用水包括生产用水、生活用水、消防用水及绿化与街道清扫用水等。

（1）生产用水。工业企业的生产用水量应根据工业生产工艺的要求而定，一般由工业部门提供。工厂内部的生活用水，如淋浴等可适当计在生产用水内。

（2）生活用水。生活用水量主要取决于每个居民平均每天用水量标准，称为生活用水定额，单位用"升/日、人"表示。由于各地气候、居民生活习惯以及室内卫生设备水平等情况的不同，生活用水定额差异很大。

（3）消防用水。城市和居住区消防用水量，可根据一次火灾实用量与同一时间内可能发生的火灾次数的乘积来估算。可参照《城市给水工程项目规范》。

（4）其他用水。除以上三方面用水外，还有浇洒道路和绿化用水，管道渗水，以及未预见用水量。未预见用水量一般按总用水量的8%～12%计算。城市总用水量是以上各种用水量之和。

（二）水源选择与水源保护

1. 水源选择

水源分地面水和地下水。地面水包括江、河、湖和水库水等，地面水水体易受污染，水质较差，一般都要进行净化处理；地下水包括上层滞水、潜水和承压水，地下水特别是承压水因有隔水层，不易受地面污染的影响，因此常作为城市的水源，但开采地下水时，应防止过量开采。

2. 水源的卫生防护

为了防止城市水源的水质因各种工业废水和生活污水污染而恶化，必须对城市水源采取卫生防护措施。按照《生活饮用水卫生标准》的规定，水源卫生防护区一般由卫生防护地带构成。

（1）第一地带（戒严地带），地面水源取水点周围保护半径不小于100 m，地下水由取水点起半径为10～20 m，在此地带内不得停靠船只、不得游泳、不得捕捞和挖取河床泥沙，不得设立生活区和建畜牧饲养场、厕所、渗水坑，不得堆放垃圾，不得排放污水和通过渗水管道渗水。

（2）第二地带（限制地带），地面水源取水点上游1000 m至下游100 m范围内不得排入工业和生活污水，地下水源其半径范围内，可根据其含水层沙质情况和水源流速来确定，一般为50～300 m，在此地带内不得使用污水灌溉农田和施用剧毒农药，不得修建渗水污水管道和污水坑，也不得从事破坏土层的活动。

（三）水厂位置选择

水厂的位置，一般应尽可能地接近用水区，特别是用水量最大地区，当取水地点距离水区较远时，更应如此。水厂应位于城市河道主流的上游，取水口尤应设于居住区和工业区排水出口的上游，并应选择不受洪水威胁的地方。取用地下水的水厂，可设在井群附近，尽量靠近最大用水区，亦可分散布置。井群应按地下水的流向布置在城市的上游，并保持一定的距离。

（四）给水管网的布置

1. 给水系统分类

给水系统基本上有五种方式：

（1）统一给水系统。只有一个水源、一个水厂和一个给水管网，以同一水压、水质供应生产、生活和消防用水。这种形式适用于小城市给水。

（2）分区给水系统。当供水地区很大和有明显高低差时，采用两个或多个独立工作的给水系统。系统之间可独立，亦可联通。

（3）多水源给水系统。城市有多个水源和多个水厂供水，各水厂的管网可以互相联通或独立。

（4）分质给水系统。因用户对水质要求不同分质供水，可减少水质处理费用。

（5）直流系统和循环系统。直流系统是指水经使用后直接排放掉的系统；循环系统是指用过的水不排出，经适当处理后重复使用，一般用于工业给水系统。

2. 给水管网布置

（1）输水管布置。由水源输水至水厂，或由水厂通过管道将水送到远处用户的管线叫输水管。输水管的走向和布置应尽可能遵循最短路线。

（2）配水管网布置。配水管网的布置有两种形式即树枝形网和环状网。树枝形管网的管道长度较短，一旦管道某处发生故障，供水区就容易断水；环状管网与之相反。

第二节　城市排水工程规划

一、城市排水系统

城市排水的对象是雨水和污水。对雨水和污水采用不同的排放方式所形成的排水系统，称为"排水体制"。排水体制分为合流制和分流制两大类。

（一）合流制排水系统

合流制排水系统是指雨水和污水统一由一套管道排放的排水系统，这种排水管称为"合流管"。根据污水最终的排放方式又分为直排式合流制和截流式合流制。

1. 直排式合流制

在直排式合流制排水系统中，污水和雨水一样不经任何处理直接就近分散排放。这种排水系统没有污水处理设施，雨水和污水都就近排放，工程投资较少，但是如果排放的污染物超过水体的环境容量，将对城市水环境造成污染，一般在城市建设初期采用，目前在大中城市已很少见。

2. 截流式合流制

截流式合流制是在直排式合流制基础上，沿排放口附近新建一条污水管渠，将污水截留到污水处理厂处理或输送到下游排放，雨水通过附属的溢流井仍排入原来的水体。新建的污水管在合流制排水系统中称为"截流管"。在没有降雨的情况下，截流管内只有污水，这部分污水也称旱流污水；在有降雨的情况下，截流管内既有污水也有雨水，这种雨污混合水也称"混合污水"。同样，通过溢流井排出的也是混合污水，只是污水比例随降雨量增大而减小。

由于初期雨水也含有大量污染物，有时污染物含量甚至高于污水，截流管的设计，其排水能力除满足污水外，还要考虑截流一定的初期雨水。截流初期雨水量的大小用截流倍数体现，截流倍数等于截流的初期雨水量与旱流污水量之比。

截流式合流制是直排式合流制的改进形式，在无雨天可以将全部污水截流到污水处理厂处理或输送到下游排放，大大减轻城市水环境压力，且工程量相对较小。而在有降雨的情况下，当降雨量较小时，旱流污水和污染物浓度较高的初期雨水全部通过截流管截走，有利于城市水环境保护；当降雨量和污水量超过截流管的截流能力，多余部分的混合污水将从溢流井排入水体，仍然对城市水环境有影响。

（二）分流制排水系统

分流制排水系统，是指将雨水和污水单独收集、处理和排放的排水系统。根据雨水系统的完整程度，分流制排水系统又分为完全分流制和不完全分流制。

1. 完全分流制

在完全分流制排水系统中，雨水和污水形成相互独立、系统完整的排水系统。雨水和比较清洁的工业废水由雨水管渠收集，就近排放；污水通过污水管道收集，输送到污水处理厂处理或下游排放。这种排水系统需要建设两套完整的排水管道，并且污水不能不加处理就就近分散排放，这样，对保护城市水环境比较有利，但排水管渠工程量大于截流式合流制，一般在城市水环境要求较高，有一定经济实力的城市采用。

2. 不完全分流制

不完全分流制排水系统，是指只有完整的污水设施而没有完整的雨水设施的排水系统。采用不完全分流制有三种情况：

一是早期的城市建设，为了节省工程投资，往往先建污水管道，雨水通过路面或零星的道路边沟排放。随着城市规模的扩大，建设标准的提高，雨水和污水系统逐步完善。

二是降水量很小的城市，如我国的内蒙古、新疆、青海的部分城市，由于降水量很小，地面渗透能力很强，没有必要建设雨水系统。在这些地区，为了利用宝贵的雨水资源，绿化用地设计标高一般都低于道路标高，降雨时，路面雨水很快就汇入路边绿地。

三是地形起伏变化较大的城市。这类城市由于地形起伏变化较大，往往有比较多的天然水系，汇水面积不大的短距离的雨水可通过路面排入附近水系，但汇水面积大的雨水仍需通过排水管渠排放。

二、城市排水工程规划的主要内容

城市排水工程规划分为总体规划、详细规划和城市排水专项规划三种类型。

（一）总体规划阶段

总体规划阶段，城市排水工程规划的主要内容是：确定排水体制；提出雨水、污水利用原则；划分排水分区；确定雨水系统设计标准；布置雨水干管（渠）和其他雨水设施；估算污水量；确定污水处理率和处理深度；确定污水处理厂布局；布置污水干管和其他污水设施。

（二）详细规划阶段

详细规划阶段，城市排水工程规划的主要内容是：落实总体规划确定的排水干管位置和其他排水设施用地，并在管径、管底标高方面与周边排水管道相衔接；布置规划区内雨水、污水支管和其他排水设施；确定规划区雨水、污水支管管径和控制点标高。

（三）城市排水专项规划

城市排水专项规划属于非法定规划，规划内容视规划编制目的而定，没有明确的要求。按规划编制目的大致有以下三种类型：

一是落实和深化总体规划，为编制详细规划阶段的排水专业规划创造必要的条件。排水管道基本都是自流管道，排水能力不但与管径有关，而且与坡度有关，而管道坡度又受道路标高控制。要比较准确地计算排水管道的管径，确定各控制点管底标高，必须在一个完整的排水分区内从上游到下游逐段计算。总体规划阶段，由于不要求定道路标高，因此也没有条件确定排水管道管径和管底标高。而在详细规划阶段，如果规划范围不是一个完整的排水分区，排水管管底的管径、控制点管底标高更难确定。为了解决这一矛盾，有的城市在总体规划完成后，对总体规划的排水专业规划进行了深化。其规划范围和期限一般与总体规划一致，规划内容除包含总体规划中排水专业规划内容外，还需进行管网水力计算，确定管底管径、控制点管底标高、排水泵站位置及规模等。为了进行管网水力计算，至少需要道路专业的配合。因此，这类城市排水专项规划往往要与道路专项规划同步编制，通过道路专项规划，在一个完整的排水分区内确定道路断面形式、路面设计标高等排水专项规划必须具备的规划条件。

二是为了治理城市水环境，对原有直排式合流制排水系统进行改造。规划范围仅限于现状建成区，规划期限一般为近期规划，规划内容主要集中在污水收集和处理。现状排水系统的改造方式有按截流式合流制改造，也有按分流制改造。从工程实践看，将直排式合流制改造成截流式合流制比较容易实施，也容易在短期内完成。

三是为解决城市局部地段排水困难而进行的排水系统改造规划。规划范围仅限于排水困难地段，规划期限一般也是近期规划，规划内容主要集中在问题分析和改造方案优化方面。

三、城市排水体制

不同的排水体制，在工程投资、施工建设、运行管理、环境影响方面有较大的差别。选择城市排水体制，要综合考虑城市排水现状、经济水平和环境要求，进行深入细致的分析论证。

当前，我国多数江河流域水体已经受到污染，甚至有的水体已经失去使用功能，加剧了水资源供需矛盾。居民生活水平的提高，交通量的增加，也不允许地下管网因建设不同步而反复开挖道路。因此，城市排水体制原则上不能采用直排式合流制，也不宜采用雨、污水管网不同步建设的不完全分流制，只能在截流式合流制和分流制之间选择。

（一）工程投资

在工程投资方面，截流式合流制的泵站、污水处理厂投资较分流制大，而排水管渠投资较分流制小，综合两项投资，整个排水系统的投资一般是截流式合流制低于分流制，其中最主要的影响因素是大大减少了管道工程量。

（二）施工建设

在施工建设方面，合流制排水系统管线单一，减少了与其他地下管线、构筑物的交叉，施工较分流制简单。尤其在地基条件差，地面以下存在比较厚的淤泥层或粉细砂层的平原地区，增加一套管网，将大大增加施工难度。

（三）运行管理

在运行管理方面，截流式合流制比分流制复杂，主要是晴天和雨天的污水量和污染物浓度、成分变化较大，加大了污水处理厂运行管理的难度。

（四）环境影响

在环境影响方面，合流制系统雨水和污水共用一套管网，污水产生的气味会通过雨水口散发到空气中，对大气环境有一定影响。而在水环境保护方面，截流式合流制有利有弊。截流式合流制能够将污染物浓度较高的初期雨水截入污水处理厂处理，是保护水环境有利的一面；但降雨量超过截流管道截流能力后，多余部分将以混合污水的形式进入水环境，是对水环境保护不利的一面。至于是初期雨水影响大还是混合污水影响大，要根据城市的降雨特征、水环境容量做具体分析，不能一概而论。

实践证明，新建分流制排水系统比较容易，而将原有合流制系统改造成分流制系统十分困难。这是因为要在合流制系统基础上完成分流制改造，必须将污水管网从接户管到干、支管道全部改造，不但工程投资大，而且影响面广，短期内难以实现。

因此，《城市排水工程规划规范》规定，新建城市、扩建新区、新开发区或旧城改造地区的排水体制应采用分流制。同时也规定，合流制排水体制适用于特殊的城市，且应采用截流式合流制。这里所说的特殊城市都有这些特点：降雨量稀少；排水区内有水量充沛的水体，降雨时混合污水对水体的污染在允许范围；街道狭窄，没有条件安排更多的管道。

总之，城市排水体制应在综合分析的基础上因地制宜地选择。现有直排式合流制改造方案应十分慎重，如果按分流制改造，必须确保污水管道从接户管到干支管形成完整的系统，任何一个环节没有改造到位，都会影响改造效果。

第三节　城市电力系统规划

电是工农业生产的动力，也是城市居民物质生活和精神生活不可缺少的能源。因此，供电系统是现代城市的一项重要的工程设施。

供电工程规划，一般以区域动力资源、区域供电系统规划为基础，调查收集城市电源、输电线路及电力负荷等现状资料，并分析其发展要求，对城市供电做出综合安排，以满足城市各部门的用电需求。

一、电力工程规划的意义与基本要求

（一）供电工程规划主要解决的问题

（1）电力负荷的分布：确定城市各类用电单位的用电量、用电性质、最大负荷和负荷变化曲线等。

（2）确定电源：发电厂和变电所都是城市的电源，所以要明确电能的来源是靠本地区的发电厂，还是靠外地区电源送电走向等。

（3）布置电力网：确定电力网的电压等级；变电所的数量、容量和位置；在考虑上述诸因素后，提出供电方案，进行技术经济比较，选定最佳方案。

（二）供电工程规划的基本要求

（1）城市各部门用电增长的要求。

（2）满足用户对供电可靠性和电能质量的要求，尤其是电压的要求。

（3）要节约投资及运营费用，减少主要的设备和材料消耗，达到经济合理的要求。

（4）远近期相结合，以近期为主，要有发展的可能。

总之，要根据国家计划和城市电力用户的要求，按照国家规定的方针政策，因地制宜地实现电气化的远景规划，做到技术先进、经济合理、安全适用。

二、城市电力负荷

电力负荷分析是城市供电工程规划的基础。供电系统中各组成部分，如发电厂和变电所规划、线路回数、电压等级都是取决于这个基础。

电力负荷一般分为工业用电、农业用电、市政及生活用电。

（一）工业用电负荷

一般根据工业企业提供的用电量，并根据它的产量校核。对尚未设计及提供不出用电量的工业，可根据典型设计或同类型企业的用电量来估算，也可按年产量与单位产品耗电量来计算。

（二）农业用电负荷

农业用电负荷种类很多，仅用单位产品耗电定额来计算农业用电是不够的。一般可根据调查的农业用电器具的类型、数量、用电量的大小、使用时间来计算，也可采用每耕种一亩田、饲养一头牲畜的用电定额来计算。

（三）市政及生活用电负荷

要按人均用电指标计算，参照类似的指标或本城市逐年负荷增长比例制定的指标。也可按以下不同用电户分别计算：
（1）住宅照明用电。以住宅面积及额定照明标准计算住宅照明年用电量。
（2）其他公共建筑用电。除特殊要求的建筑外，可参照住宅用电量的计算方法，计算公共建筑照明年用电量。
（3）给排水设备用电。
（4）街道照明用电。

三、变电所的选址与布置

变电所的位置选择与总体规划有密切的关系，应在电力系统规划时加以解决。变电所有屋外式、屋内式或地下式、移动式，最常见的是屋外式（有时用隔墙隔离）。

变电所的位置选择要考虑如下问题：
（1）尽量接近用电负荷中心，或电力网中心。
（2）进出线走廊与变电所同时考虑，便于各级电压线路的引入或引出。
（3）地基地质好，不受积水浸淹，尽量少占农田，枢纽变电所地面高程要高出城市百年一遇的洪水位之上。
（4）要靠近公路和城市道路，但应有一定间隔。
（5）区域性的变电所不宜设在城市内。

变电所的用地面积与电压等级、主变压器容量及台数、出线回路、数目多少有关。小的占地 50 m×40 m，大的占地 250 m×200 m。

四、高压线在城市中的位置

在城市总体规划中除了定电厂、变电所位置外，还应留出高压输电线走廊的走向及宽度。

（一）高压走廊宽度的确定

高压架空线进入市区后，带来很多问题，比较突出的是安全问题。因此，高压架空线行经的通道，即高压线走廊要有一定的宽度，并与其他物体之间保持一定的距离。

高压线走廊宽度一般按下列公式计算：

$$L = 2L_安 + 2L_偏 + L_导$$

公式中，L——高压走廊宽度；

$L_偏$——导线最大偏移，与风力及导线材料有关；

$L_导$——电杆上面外侧导线间距离，与悬垂绝缘子串的长度、导线的最大弧垂、电压大小有关；

$L_安$——高压线对房屋建筑物的安全距离，见表4-1。

如考虑高压线倒杆的危险，则高压线走廊宽度应大于杆高的两倍。

表4-1　高压架空线中对房屋建筑物的安全距离　（单位：m）

最小间距	线路额定电压（kV）			
	35	110	220	330
最大弧垂时垂直距离	4	5	6	7
最大偏斜时的距离	3	4	5	6

（二）确定高压线路走向的一般原则

（1）线路应短捷，既可减少投资又可节约贵重的有色金属。

（2）要保证居民及建筑物的安全，有足够的走廊宽度。

（3）高压线不宜穿过城市中心地区和人口密集地区，并且要注意城市面貌的美观，必要时采用地下电缆。

（4）考虑高压线与其他工程管线的关系。跨河流、铁路、公路时，要加强结构强度，要尽可能减少高压线跨越河流、铁路和公路的次数。

（5）避免从洪水淹没区经过，以及在河边架设时，要注意河流对基底的冲刷，防止发生倒杆事故。

（6）尽量减少线路转弯次数，因为转弯时电杆的结构强度大，造价高。

（7）注意远离污浊空气区域，以免影响线路绝缘，造成短路事故，对有爆炸危险的建筑物也应避免接近。

五、城市供电系统与通信线路的关系

应当指出，城市供电系统与通信线路接近时，将对通信线路产生静电和电磁感应影响，在规划时，可参考表4-2中给定的最小距离布置。

表 4-2　收信台与电力线、变电所之间最小距离　（单位：km）

干扰源	与天线尖端最小距离
60kV 以上输电线	2.0
35kV 以下送电线	1.0
高于 35kV 变电所	2.0
35kV 以下变电所	1.5

第四节　城市供热系统规划

一、城市供热系统及集中供热的方式

（一）城市供热分类

1. 集中供热

城市集中供热，也称区域供热，是城市的某个或几个区域，利用集中供热热源向工业企业、民用建筑等供应热能的一种供热方式。城市供热系统依据热媒、用户和热源有不同形式：

（1）依据热媒不同，分为蒸汽供热系统和热水供热系统。

（2）依据用户不同，分为工业企业供热系统和民用供热系统。

（3）依据热源不同，分为热电厂供热系统和集中锅炉房供热系统。

2. 分散供热

分散供热是指小到一家一户，大到三四幢楼就有一个热源供热的供热方式。划分集中供热和分散供热并没有一个严格的界限，一般以单台锅炉不小于 10 t/h 或供热面积不小于 $10^5\,m^2$ 为界。

（二）城市集中供热系统

城市集中供热系统包括热源、供热管网、用户以及热转换设施。

1. 热源

将天然或人造的能源形态转化为符合供热要求的热能装置，称为"热源"，是城市供热系统的起始点。城市地区热源依据供热形式区分为集中供热系统热源和分散热源。

目前，采用以蒸汽和热水作为热媒的热源在城市集中供热系统较为常见。集中供热系统热源有热电厂、集中锅炉房、低温核能供热站、热泵、工业余热、地热、太阳能和垃圾焚化厂；分散热源有专用锅炉、分户采暖炉等。在实际建设中最广泛应用的热源形式基本上为集中锅炉房和热电厂。热电厂是联合生产电能和热能的发电厂，高品位热能发电，降为低品位热能发电后用来供热，热能利用效率高，设备利用时间较长，一般可全年利用，是发展城市集中供热，节约能源的最有效热源形式。但其建设投资大，建设时间长。

集中锅炉房虽然热效率低于热电厂的热能利用率，但其燃煤锅炉的热效率一般也可达到80%以上，比分散小锅炉 50%～60% 的热效率高得多。集中锅炉房相对投资规模小，建设周期短，一般能达到当年建设、当年投产，且厂址选择比较灵活。

2. 供热管网

城市供热管网又称为热网，是指由热源向热用户输送和分配供热介质的管线系统。供热管网主要由热源至热力站（在冷热电三联供系统中是冷暖站）和热力站（制冷站）至用户之间的管道、管道附件（分段阀、补偿器、放气阀、排水阀等）和管道支座组成。管网系统要保证可靠地供给各类用户具有正常压力、温度和足够数量的供热和供冷介质（蒸汽、热水或冷水），满足用户的需要。

3. 供热分区

依据城市不同热源的供应范围，划分为多个供热分区，目前为提高城市供热系统的保证率，也采用各供热分区联网的形式。各供热分区应保证有两个以上的热源，主热源和调峰热源，有利于城市热源分期建设，也可以保证满足平时和高峰时间的供热负荷。

4. 热转换设施

城市集中供热系统用户较多，其对热媒的要求各不相同，各种用热设备的位置与热源距离也各不相同，所以热源供给的热介质很难适应所有用户的要求。为解决这一问题，往往在热源与用户之间，设置一些热转换设施，将热源提供的热能转换为适当工况的热介质供应给用户，这些设施包括热力站和制冷站。

5. 热用户

热用户是指由供暖、生活及生产用热系统与设备组成的热用户系统。

二、供热工程规划的主要任务和主要内容

（一）主要任务

根据当地气候、生活与生产需求，确定城市集中供热标准、供热方式；合理确定城市供热量和负荷，并进行城市热源规划，确定城市热电厂、集中锅炉房等供热设施的数量和容量；合理布局各种供热设施和供热管网。

（二）主要内容

1. 城市总体规划阶段的主要内容

该阶段主要内容包括：现状调查，包括热源、供热用户、供热管网、现状用热指标以及未

来工业用热用户；选定各种建筑物的采暖面积热指标，确定集中供热范围，预测城市热负荷；划分供热分区，确定各供热分区的热负荷；选择供热方式，确定热源的种类、供热能力、供热参数，确定供热设施的分布、数量、规模、位置和用地面积；布局城市集中供热干线管网；各种热能转换设施（热力站等）的布置；计算城市供热干管的管径；提出近期供热设施建设项目安排。

2. 城市详细规划阶段的主要内容

该阶段主要内容包括：分析供热现状，了解规划区内可利用的热源；计算规划范围内热负荷；落实上一层次规划确定的供热设施；确定本规划区的锅炉房、热力站等供热设施数量、供热能力、位置及用地面积；布局供热管网；计算供热管道管径，确定管道位置。

三、热力站布置

城市集中供热系统，由于用户较多，其对热介质参数的要求各不相同，各种用热设备的位置与热源距离也各不相同，故热源供给的热介质参数（温度、压力、流量）很难适应所有用户的要求。为此在热源与用户之间，需设置一些热转换设施，将热网提供的热能转换为用户设备所要求的热介质状态，并保证安全、经济运行，这些热转换设施称热力站。热力站机房内装有全部与用户连接的设备、仪表和控制装置。

热力站就是小区域的热源，因此，它的位置最好在热负荷中心，而对工业热力站来说，则应尽量利用原有锅炉房的用地。

四、供热管网的布置

供热管网的敷设方式有地下敷设和架空敷设两类。

（一）地下敷设

民用供热管道一般为地下敷设，其具体要求是：

（1）热力管道在城市主要干道或穿越主要干道敷设时，要采用通行地沟或半通行地沟，其断面尺寸应保证方便管理人员在沟内进行检修和维护工作。

（2）沿一般干道或居住区道路敷设时，可采用不通行地沟，其断面尺寸应能满足管道焊接及保护操作的最小尺寸。

（3）对地下水位低、土质良好的一般道路，可采用无沟敷设。

（4）供热管道与其他管道一起敷设时，可设在通行地沟或综合地沟内。通行地沟和综合地沟的高度不得低于 1.8 m。

（二）架空敷设

（1）供热管道架空敷设穿越公路和铁路时，要采用高支架。管道的保温层外底与地面垂直净距跨越公路时要大于 4.5 m，跨越铁路时大于 6 m。

（2）供热管道架在人行频繁地段时，采用中支架，保温层外底与地面垂直净距要在2.5～4.0 m。

（3）供热管道设在不妨碍交通及人行的地段时，采用低支架。保温层外底与地面垂直净距要在 0.5～1.0 m。此时要注意不妨碍交通，不影响建筑物的天然照明，另外，靠近铁路、公路时，要保持一定距离。

（三）供热管道与其他管道的关系

供热管道与地下管线最小的水平间距及垂直间距，应尽量减少供热管道的埋设深度，一般最小覆土为 0.6 m，最小坡度为 0.002 度，不得已时可以平坡和反坡。应当特别注意防止煤气管道漏气，渗入供热管，以免在检修人员检修管道时发生事故。

五、供热负荷的预测

供热系统的规模和管网直径的大小与城市集中供热地区的总热负荷量有关。供热总负荷一般体现为功率，单位用瓦（W）或兆瓦（MW）表示。

预测工业生产工艺热负荷可以采用设计热负荷资料或根据相同企业的实际热负荷资料进行估算。工业生产需要热负荷的大小，主要取决于生产工艺过程的性质、用热设备的形式以及工厂企业的工作制度。由于工厂企业生产工艺设备多种多样，工艺过程对用热要求的热介质种类和参数不同，因此，生产需要的热负荷应由工艺设计人员提供。

对于民用热负荷，主要指居住和公共建筑的室温调节和生活热负荷。当各种资料都具备时，可以进行热负荷预测与计算。初步规划时可以采用表4-3民用建筑供暖面积热指标概算值进行预测与计算。

表 4-3　民用建筑供暖面积热指标概算值

建筑物类型	单位面积热指标 （W/m²）	建筑物类型	单位面积热指标 （W/m²）
住宅	58～64	商店	64～87
办公楼、学校	58～61	单层住宅	81～105
医院、幼儿园	64～81	食堂、餐厅	116～140
旅馆	58～70	影剧院	93～116
图书馆	47～76	大礼堂、体育馆	116～163

注：以上推荐值已包括热网损失（约5%）在内。

总建筑面积大，外围结构热工性能好，窗户面积小，可采用表中较小的数值；反之采用表中较大的数值。

对于居住区来说，包括住宅与公建在内，采暖综合指标建议取 60～80 W/m²。当需要计算较大供热范围的居民总热负荷，又缺乏建筑物分类、建筑面积的详细资料时，可根据当地有关资料及规划情况进行估算，以各类建筑物面积比重和分类热指标加权平均得出综合热指标，如北京市集中供热系统平均热指标为 75.5 W/m²。

第五节 城市燃气系统规划

一、城市燃气种类

燃气按来源分类，可分为天然气、人工煤气、液化石油气和生物气四大类。一般在城市系统中，采用前三种类型燃气，生物气适宜在村镇等居民点选择。

（一）天然气

天然气一般分为四种：从气井开采出来的气田气称"纯天然气"；伴随石油一起开采出来的石油气，也称"石油伴生气"；含石油轻质馏分的凝析气田气；从井下煤层抽出的煤层气。天然气热值范围在 $34.8 \sim 36$ MJ/Nm³。

（二）人工燃气

人工燃气有固体燃料干馏煤气、固体燃料气化煤气、油制气、高炉煤气，热值范围在 $3.8 \sim 20.9$ MJ/Nm³。

（三）液化石油气

液化石油气是开采和炼制石油过程中，作为副产品而获得的一部分碳氢化合物，气态热值范围在 $92.1 \sim 121.4$ MJ/Nm³，液态热值范围在 $45.2 \sim 46.1$ MJ/Nm³。

（四）生物气

生物气是指各种有机物质在隔绝空气条件下发酵、并在微生物的作用下产生的可燃气体，也叫"沼气"，热值约为 20.9 MJ/Nm³。

二、城市燃气系统

城市燃气系统包括气源、输配系统、用户系统。依据城市气源不同，城市输配系统也不同。

天然气供气系统通过长输管线将天然气输送至天然气门站，通过调压系统，进入城市输配系统。

人工煤气厂一般离城市较近，大部分直接进入城市输配系统。

液化天然气均采用汽车或火车运输至小区气化站，直接减压输送至用户管道系统。

液化石油气也采用瓶装送至用户。

部分城市采用由多种气源通过混气站混合后送入城市输配系统。

三、煤气厂厂址、管网及其他设施在城市中的布置

(一) 煤气厂厂址

煤气厂厂址布置主要考虑煤的运输、储存经济因素及对城市污染的影响问题。

如果煤是铁路运输，厂址应距运煤专线较近且具有足够储煤场地；如是水运，厂址最好紧靠运煤河流码头。另外，由于生产煤气后有含酚量的污水并放出 SO_2 气体，因此厂址宜设在河流及地下水流向的下游，与居住区之间应有足够间距和防护带。

(二) 煤气管网

煤气管网要考虑如下八项原则：

(1) 为使主要煤气管道供应可靠，应逐步形成环状管网进行设计。

(2) 煤气管道避免埋在交通频繁的干道下，避免检修困难和承受很大的动荷载。

(3) 煤气管不能在地下穿过房屋及其他建筑物。

(4) 煤气管和其他管道、电缆敷设在同一地沟内时，需采取防护措施。

(5) 煤气管在居住区一般不允许采用室外架空支架方式。在工业区允许范围内，可以沿建筑物外墙架空支架，管道底距离人行道垂直距离应不小于 2.2 m，距厂区路面应不小于 4.5 m，距厂区铁路路轨应不小于 5.5 m。

(6) 地下煤气管应埋在冰冻线下。坡度最好与路面坡配合，不应小于 0.003 度。

(7) 与其他管道垂直相交时，垂直净距不应小于 0.1 m，与电缆相交时不应小于 0.5 m (电缆在套管内时为 0.2 m)。

(8) 煤气管道上的阀门应设在发生紧急状况时便于操作的地方。

(三) 储气站

储气站是用来调节平衡煤气周、日、小时用量不均匀的装置，其位置选择要注意安全，与住宅等建筑要有一定距离。

(四) 调压站

调压站是输送煤气的调压装置，一般设在地上单独建筑物内，如煤气进口压力小于或等于 150kPa 时，可以设在地下单独构筑物内。如果自然条件和周围环境许可时，也可设在露天，但要设围墙。

地上调压室建筑耐火等级不应低于二级。室内温度不应低于 0℃，室内通风次数不少于 2 次/h，与周围建筑应有一定距离。

(五) 液化石油气储配站

目前城市煤气化还不够普遍，故有些城市供应液化石油气。其储罐的设计总容量按每月

15～20 天耗用量计算。

（六）液化石油气供应站

站内的瓶库与站外建筑物要有足够的防火间距，应备有消火栓。

（七）灌瓶站

其位置参照防火要求及城市运输条件等确定，一般选在城市边缘区。

第五章 城市建筑景观基本理论

第一节 城市景观设计概述

一、城市景观

（一）城市景观的含义

《人文地理学词典》中这样定义城市景观：城市的景象、形态等组成的城市地区特色，即城市的总体景象。在此定义的城市景观是城市地理学概念下，对城市可视现象的地理学的研究。因此，城市景观作为人工景观结合自然景观的复合场所，是人类改造自然的具体体现。作为景观的一个组成部分，城市景观具体包含城市建筑、城市街道、广场、公园等人工景观。

城市景观作为人们生活的主要栖息地及具体的场所体验空间，直接影响与体现着人们对生活的需求和社会意识。一般来说，一个城市存在的历史越悠久，人工意志具体体现的形式便越丰富，具体到城市存在的方方面面。因此，城市景观中更加注重美学与景观美学的应用，比如在城市人文历史大背景下的城市空间美，对传统文化的历史印记感官美等内容。城市景观应注重对城市人文景观的发掘利用，使得现代景观设计与人文资源，得到最优化的展现。同时，人在时代发展进程中也在不断发展变化，人的主观要求与行为习惯都受时代背景的影响。所以，我们在城市景观设计的过程中，也更应注重人在景观环境中的体验，以及当下研究的气候适应性及微气候改善等，都对城市景观的发展方向有重要的指引作用。城市景观的内涵与景观的内涵基本一致，区别在于城市景观是城市的内在规定性与外在影响的双向作用的产物，城市景观的内涵因此必然有其自身的个性特征，而景观则具有覆盖城市景观及其他景观（如乡土景观）的更大内涵。因此，城市景观与景观之间的内涵关系就是个性与共性关系，二者既有联系又有区别。

就应用层面而言，景观的概念有狭义与广义之分。狭义景观与园林是联系在一起的，即"园林说"。人为景观基本上等同于园林，具体的景观规划设计者一般持有这种概念。这种概念下景观的基本成分可以分为两大类，一类是软质的东西，如树木、水体、和风、细雨、阳光、天空等；另一类是硬质的东西，如铺地、墙体、栏杆等。软质的东西，称为"软质景观"，通常是自然的；硬质的东西，称为"硬质景观"，通常是人工的。不过也有例外，如山体就是硬质景观，但它是自然的。广义的景观是空间与物质实体的外显表现。广义的景观本身大致包括四个部分：一是实体建筑要素，即建筑物，但建筑内的空间不属于景观的范畴；二是空间要素，空间包括广场、道路、步行街及公园和居民自家的小庭院；三是基面，主要是路面的铺地；四是小品，如广告栏、灯具、喷泉、卫生箱及雕塑等等。

城市景观基本上采用广义的景观定义，即城市景观是城市空间与物质实体的外显表现。广义的城市景观本身也大致包括四个部分，即把广义的景观要素冠以专指范围的"城市"前缀。城市景观由城市实体建筑、城市空间要素、基面、小品等组成，但并不是这些成分的简单堆砌，而是按一定原则组合在一起。

城市景观包含着一个广阔的领域，总的来说，它是城市总体形态的外在表象，是城市实体给人的直接视觉感受，是人对城市最直观的认识途径。人依靠视觉来认知环境，正是城市具体的形态通过人对它的体验、记忆向人传达出城市内在的文化、历史品质，并对人心理产生复杂的影响，人由此而感受到的城市视觉体验激发起人对城市环境的情感，继而又使人对其所处城市产生认同感。从这一点而言，城市景观是人及其自身周围环境的心理与物质构架，它直接影响着人的知觉和空间定位，城市一系列的连续景观构成了人对城市环境的知觉空间。因而，城市景观体系在城市空间中占有相当重要的地位，它是衡量我们生活标准的重要指标，是形成我们对自身生活环境归属感的源泉。

（二）城市景观的要素

1. 地形地貌要素

土地在地球表面的三维凸起叫作"地形"或"地貌"，每个区域由于其生态作用力的差异，地形地貌随着时间的推移会发生改变，转化为该区域的自然特征。城市的出现，往往从生态、技术、文化等多方面对地形地貌产生持久影响，因此，在历史相对久远的城市中，较为突兀的地形地貌比较少见，一般都趋于平坦。但随着生态设计等理念的广泛应用，一些新兴城市把一些特殊地形地貌纳入其中，丰富了城市景观。地形按形态特征可分为以下三类：

（1）平地地貌

平地是一种较为宽阔的地形，最为常见，被应用的也最多。在平地上构筑景观可保持通风，开阔视野，展示景观的连续性和统一性。平地相对缺乏围合的感觉，因此，此类用地多在草坪、各类城市广场、建筑用地中出现。从设计角度看，平地对于城市景观设计的限制最小，如平地上的道路，任何方向都可通达而不受限制。在平地上可以用连续性的景观要素和其本身良好的通透性来实现扩展设计，其内部空间景观要素既相互联系，又各有重要的视觉作用。景观的趣味性较差是平地的一个弱势，所以需要依靠空间要素、景观要素与空间及景观要素之间的相互关系来补充，如通过颜色鲜艳、体量大、造型夸张的构筑物或雕塑来增加空间的趣味，形成视觉焦点；或者通过构筑物来强调地平线与天际线的水平走向，形成大尺度的韵律；或者通过竖向垂直的构筑物来形成与水平走向的对比，增加视觉冲击力。

（2）凸起地貌

凸起地貌，相对于平地地貌而言，富有动感和变化，如山丘等，往往在一定区域内形成视觉中心。因为在通常情况下，突然起伏的地形容易对人的视觉感受形成刺激，所以在景观设计时可在较高的地方设置建筑或构筑物，这样更容易强化其本身对人的吸引。同时，在设计时，还应注意从四周向高处看时地形的起伏和构筑物之间所形成的构图关系，从整体景观角度进行布置。另外，凸起地貌还可调节微气候，但不同朝向的坡适宜种植的植物有所不同，应谨慎选择。

（3）凹形地貌

凹形地貌是由两个凸形地貌相连接形成的低洼地形。凸形地貌的围合，在一定尺度范围内能产生闭合效应，减少外界的干扰。凹形地貌周围的坡度限定了一个较为封闭的空间，坡度越接近90°，封闭感越强，这一空间在一定尺度内易于被人们识别和利用，而且会给人们的心理带来某种稳定和安全的感觉。与凸形地貌一样，凹形地貌中人工和自然的凹陷地形也能起到中心的作用，只不过这里的中心不是具体的某一建筑或构筑物，而是一个面。凹形地貌创造了独特的微气候，并且在形式上与周边陆地形成对比。为了满足中心文化的功能，许多自然的凹陷地形被修改，如城市中的下沉广场，周边的斜坡可作为露天的座位，中间的平地可作为观演活动的中心。

2. 水体要素

水是生命的象征，是一切生命体赖以生存的首要条件，是设计师最得力的工具，常常是整个设计的点睛之笔。水体在城市景观中的作用可概括为以下三点：

一是基底作用。广阔的水面可开阔人们的视域，有衬托水畔和水中景观的基底作用。当水面面积不大时，水面仍可因其产生的倒影来扩大和丰富空间。

二是改善地域环境。在空气炎热、干燥的时候，水的蒸发和冷却可有效提高景观的舒适度。水的特殊视觉效果也可缓和因天气的不适给人们带来的烦躁情绪。城市景观中的水景往往是集改善城市小气候、丰富城市景观和提供多种功能于一体的水景类型。

三是提升景观和土地价值。水是一种娱乐资源，可利用它垂钓、游泳、划船、设计音乐喷泉等放松娱乐身心，因此，水可以聚集人气。城市景观中的水有巨大的商业价值，与水毗邻的地方常被开发利用。

3. 植物要素

植物在城市景观设计中也是一个重要的因素，城市景观设计中常用的植物有乔木、灌木、草本植物、藤本植物、水生植物等。植物在城市景观中的作用主要有以下三种：

一是分隔空间。植物本身的可塑性很强，可独立或与其他物质要素一起构成不同的空间类型。植物对于景观空间的划分可在空间的各个层面上进行。植物还能配合其他物质要素的景观要求，从而构成丰富的城市景观。

二是连接和过渡。景观与景观之间需要通过过渡的手法来丰富和完善，一些相对分散且缺乏联系的景观、建筑或物质要素可以利用成片或线状植物进行连接，使之成为一个景观整体。在纵向方面，植物既可以减缓地面高差给人带来的视觉差异，又可强化地面的起伏形状，使之更有趣味。

三是遮蔽视线。植物遮蔽视线的作用建立在对人的视线分析的基础之上，适当地设立植物屏障，能阻挡和转移人们的视线，将不良景观遮蔽于视线之外，将所需美景收入眼中。用高于人的视线的植物来遮蔽不良景观，形象生动、构图自由，效果较为理想，但也并非总占优势。因此，在具体设立这一屏障之前，一定要深入研究，收集各方面的数据，得到最佳方案。

4. 公共设施和艺术品要素

公共设施和艺术品的设计是多种设计学科相结合的结果，除了景观设计以外，工程造价、平面设计、雕塑等的理论与创作也适用其中。它们既要满足自身使用功能要求，又要满足景观造景的要求，以求与自然融成一体。在整个景观空间的营造上，公共设施和艺术品要素虽然不如界面要素那么突出，但在营造景观气氛上却有画龙点睛的作用。

因此，在任何情况下，都应将公共设施和艺术品的功能与城市景观要求恰当、巧妙地结合起来。

（三）城市景观的特征

1. 城市景观的三个层面

（1）环境、生态、资源层面。这包括土地利用、地形、水体、动植物、气候、光照等人文与自然资源在内的调查、分析、评估、规划和保护，即基础地域景观。

（2）人类行为以及与之相对应的文化历史与艺术层面。包括潜在于景观环境中的历史文化、风情、风俗习惯等与人们精神生活息息相关的东西，这直接决定着一个地区、城市、街道的风貌，影响着人们的精神文明，以及人文景观。

（3）景观感受层面。基于视觉的所有自然与人工形体及其感受的设计，这是狭义景观。

这三个层面，共同的追求是以艺术与实用为最终目的，这也正是城市景观的研究目标所在。

2. 复杂的城市景观

城市景观的含义是随着时代发展而不断变化与完善的。最初的城市景观只是建筑与建筑之间的关系，而后，城市景观是城市中不同元素之间的关系所引起的一种视觉效果。这些都是从传统建筑学角度出发的理解。由于心理学发展，对城市景观的理解加入人的体验而成为"城市景观是被感知到的视觉形态物以及相互之间的关系"。但是这些定义都没能把握住城市景观的实质。由于城市环境中视觉事物和事件的多样性特点，决定了城市景观具有构成上的复杂性、内涵上的多义性、界域上的连续性、空间上的流动性和时间上的变化性等特点。

随着城市复杂性的研究，人们开始对城市景观有了全面的认识。城市景观是人和社会环境互动形成的，因而，城市景观首先应具有地理性、地方性，不同的地形、气候是具有特色的城市景观塑造的基础。同时城市景观是与人的社会生活密切相关的，体现了社会群体的价值观念、习俗与心理结构，是社会生活各层面在环境中的文化象征物。美国人文地理学家爱拉普普特就曾经指出："城市景观是一种社会文化现象，是长期选择优化的结果，而文化、风气、世界观、民族性等观念形态共同构成了（城市景观的）'社会文化构件'。"因而，城市景观还具有社会文化性。城市景观是在城市历史发展过程中逐步形成的，各种历史事件、不同历史时期为政者的政策，各个阶层民众的需求与认同等都或多或少地在城市景观中留下了自己的痕迹。而这种"历史的塑造"过程从未停止过，随着时代的变迁而不断地持续发展，从而使城市景观呈现出复杂性。

3. 城市景观的历史性

城市景观的历史就是人类文明的历史、城市的历史、城市规划的历史。自从人类文明产生以来，从人类聚居点的第一次出现，城市景观就开始诞生了，因此，它就是人类文明的结晶，更是人类文明发展的折射。从城市景观的发展历程中，我们可以看到这座城市的发展历史，以及城市中人们社会生活的历史反映。

城市景观是一种历史现象，每个社会都有其相应的文化，并随着社会物质生产的发展而发展。在城市发展的不同阶段，其延续性和变革性的强弱会交替出现，呈波浪式前进。这是事物发展的规律。

一个地区的城市景观体系在其发展过程中，有相对稳定的状态，也有运动变化的状态。在稳定的时候就表现为文化模式，而运动变化的时候就表现为文化变迁。模式与变迁交互发生作用，就产生不同时代的建筑与城市景观表现风格。越是大城市，其城市景观分期就越为繁复。因为那里不仅有各个时代的历史建筑遗存，而且还有作为不同文化背景的人的集合。复杂的城市景观的时间结构不仅提供了景观的多样性，而且在各种景观的渗透与交流中也易于产生新的更新时代文化景观的生长点，往往大城市是新的景观的扩散源，代表最新时代景观。

在城市景观的共生体中，不同时代的景观所起的作用是各不相同、互有区别的。越久远的景观，其对日常生活的影响越小，而其服务于特殊需要，如满足人的精神上对过去的本能好奇的需要、研究的需要等的能力则相对较强。同时，由于其稀有性，其受重视和保护的价值就相对较大。真正深入生活和塑造人们生活的是当代城市景观。当代城市景观为当代人所创造并且服务于当代人的基本生活，它在心理上深入满足了人们"自我实现"的价值感和成就感，也使人们与自己生活的特定时代互相认同。

城市景观的塑造过程一直贯穿于世界上每一座城市的每一次规划设计当中。因为对城市的每一次更新、改造和重新设计的过程，就是对城市的面貌和个性特点归纳总结提炼的过程，更是对城市景观进行整理，重现光彩和继承发扬城市优秀历史，展现城市更好发展未来的过程。

4. 城市景观的地域性

不同的地域，有不同的城市景观分期及其组合。不同的城市发展历史和社会背景形成的是具有不同表现和内涵的城市景观，这就像是城市的结构布局，由于受到自然地理条件的限制，还有城市发展性质的制约，以及城市社会文化背景的传统约束，因而呈现和别的城市不一样的城市结构布局，街道形式、走向、居民区的位置等，都是因地而异的。

一个地区特有的文化与习俗，是地方性不可缺少的组成部分。在每一个人们聚居的地方，都有许多这样那样的习俗，这些习俗向人们标示着当地社会文化传统，对这些文化传统进行深入的研究能够使我们对公众的真正需求有一个真实的认识，这一点在城市景观设计上就应该有着充分的体现。在世界的每一个角落，都有各具特色的地区文化，它们根植于当地人们的生活中，正是它们孕育了本土的建筑文化和特有的"场所精神"。正如我国广西壮族自治区百色市有"句町古国"之称，而其"句町铜鼓"作为这一地域的文化图腾，在城市景观中常常被作为设计符号。

"场所"是有文化内涵的空间环境，并具有一定的地域特点，"场所精神"也就是场所的特性和意义。在中国传统建筑中，由"墙"包被的集中空间无所不在，院墙、宫墙、城墙乃至长城，环环相套，墙围合成的院落是生存环境的基本单元。比如南京甘熙故居，俗称"九十九间半"，就是典型的由墙围合而成的院落生存环境。不同的环境条件和民俗民风形成不同的生活方式，不同的生活方式造就不同的文化传统，庭院带给人们不同的观感是因为它一旦与特定的人的活动发生联系，便具有一定"特性"，成了"场所"。"场所"具有吸收不同内容的能力，它能为人的活动提供一个固定空间。"场所"不仅仅适合一种特别的用途，其结构也并非固定永恒的，它在一段时期内对特定的群体保持其方向感和认同感，即具有"场所精神"。

城市景观不仅具有地域性，而且具有鲜明的时代性。每一个时代都有自己的特色景观，以前历史时代的建筑景观遗存下来，与当代建筑景观共存，使得城市景观不仅在地域、空间上镶嵌分异，而且在纵深的时间向度上也存在分异。

城市景观与城市社会、经济、文化、历史等因素的发展紧密联系在一起，是一种具体的人文景观，包括古代建筑、文化遗址、古代城市景观以及民族民俗景观等。人文景观是历史发展的产物，具有历史性、人为性、民族性、地域性和实用性等特点，是城市特质和标志的体现，透过城市景观也可以折射出城市社会、文化生活的各个方面。人文景观是人们在长期的历史人文生活中所形成的艺术文化成果，是人类对自身发展过程科学、历史、艺术的概括，并通过景观形态、色彩以及其他的整体构成表现出来。

（四）城市景观的功能

城市景观的功能并不仅仅是视觉上的，或游览、旅游等方面的，无论是其美学功能还是休闲游览、旅游经济等功能，都是城市景观最为直接的表现形式，其潜在、隐含、更为广泛的功能在于对全体市民心理文化素质的孕育。对今天的城市市民而言，可以选择自己现在、将来的生活方式和社会群体价值观的表现形式，甚至城市建设发展的模式，但他们无法选择过去，无法选择城市的模式，无法选择根深蒂固的甚至自己浑然不觉的文化心态和人文特征。

景观遍布于我们的生活环境。由于人们生活的日益多样化和信息情报迅速便捷，同时也随着建筑环境类型的差异，景观的空间形态、空间特征以及功能要求也在随时发生变化。科技的进步，人们观念的变革，交流的广泛，信息的迅速发展，人们要求的多样化，使景观在功能和形式上呈现不断消亡和产生、更新与变异、主流与支流的交替变化。不论景观如何发展变化，其基本的构成要素相对恒定。任何一个景观环境都应满足一定的功能要求，有一定的目的性，这样的景观才有其存在的价值。

一般来说，景观的功能构成包括四个方面，即使用功能、精神功能、美化功能、安全卫生功能。

1. 使用功能

这里仅以城市中心区景观进行简略论述。

使用功能存在于设施自身，直接向人提供便利、安全、保护、情报等服务，它是环境设施外在的，首先为人感知的因素，因此，也是第一功能。

城市中心区是一个城市的心脏，对城市系统来说是一个文化中心、娱乐中心、商业中心、公共活动中心、服务中心……城市中心功能高度浓缩，大容量的建筑、频繁的交通、密集的信息、高密度的人流、高度集中的物质等，分享着城市中心的土地，为人们提供使用功能。

2. 精神功能

在研究城市中心区景观的使用功能时，我们不得不涉及视觉上和情感上的、自然与人文的、静态与动态的、有主题与无主题的精神功能。

人的行为是可以通过环境加以激励、强化的。环境对人的激励即调动人的内驱力，发挥人的创造潜能，产生积极主动的行为。它能增强自信心，受到社会的承认，显示自己的价值。同时环境也给人以启迪，通过环境的改善，利用好的城市景观设计来促进人们的参与感，可以导致人们情绪的转换，起到积极向上的作用。

作为景观设计师有责任和义务通过景观的设计，给人带来最大限度的精神享受，这就是景观效应的精神功能。

景观效应，是指审美客体（环境）与审美主体（人）发生的相互感应和相互转化的关系。效应的震撼力的大小取决于两个方面，第一是人对环境的作用，第二是环境对人的作用。

3. 美化功能

景观的美化功能在景观设计中占有重要的位置。审美客体与审美主体所发生的相互感应和相互转换的关系，通过意境的表达，给人以美的享受，情与景相融可抒发人们的情怀，陶冶人们的情操。景观设计有鲜明的美化功能，这种美化功能不仅呈现在景观的整体布局上，更表现在构成景观审美价值的每个细节中。如植物以其柔和的线条、五彩斑斓的颜色、婀娜多姿的形态与景观中理性、刚直的造型形成对比与变化，给人以丰富多彩的艺术享受。在全球自然资源不断减少，生态环境日益恶化的今天，植物和自然生命在人的审美意识中占据了更加重要的地位。因此，景观中人为因素与自然因素的和谐比例已成为评价景观设计成功与否的一个重要标志。这种比例一方面表现为视野中的绿色占有率，另一方面表现为人在景观中活动时，视觉中人造景观与自然景观交替出现的频率。景观绿化一方面应与各种构筑物有机结合，另一方面应以较大面积的绿地、林带结合地形地貌，让绿地作为缓冲，消除它们之间的不协调感，提高景观的生态与审美价值。

4. 安全保护功能

环境景观的保护功能可以从两方面去理解。

（1）景观建设可以保护生态

植物群落和水域系统是重组和改造区域环境的重要因素，也是景观设计中用以保护环境的主要手段。

①改善气候，一定面积的植物可以对一定区域的气温和温度进行调节；增强城市的竖向通风；扩散并减弱城市的热岛效应。

②净化空气，减少噪声污染，改善卫生环境。

③保持水土，美化环境。

以绿化和水资源作为改善小气候的主要手段，可以提高环境的舒适度。

（2）防止事故和灾害

为了避免人在活动时产生人为或自然伤害的危险，景观设计中的保护性设施可以防止事故和灾害。

①拦阻：对人的行为和车辆运行进行积极主动的控制，为保障人、车安全而设置的拦阻设施，有围栏、护柱、沟堑、绿化隔离带等。

②半拦阻：这种拦阻设施的强制性较弱，主要起限制作用。

③劝阻、警示的拦阻功能：设施本身不妨碍人、车的通行，通过地面材质、高低的变化使运行产生困难，从而起到拦阻的作用。一般用文字说明或标志阻止人、车的逾越。

二、城市景观设计的内涵

城市文化景观的产生与发展是由政治、经济、文化等合力决定，并非刻意设计出来的；但可借由人的主观能动性推进其发展。

建筑学领域的城市景观设计学科，便是其推动力之一。城市景观设计是一个综合性的系统工程，也是一个集艺术、科学、工程技术于一体的应用学科。城市景观设计与城市规划、建筑学三位一体，与地理学、生态学、美学、社会学甚至哲学等多种学科彼此交融。

相比于农耕文明时代背景下产生的"风景园林"，景观建筑学是在工业文明以及后工业文明中，作为适应新的社会发展需要而产生的一门新兴的工程应用性学科。城市景观是自然景观与人文景观相结合的结果，其整体发展有着自身规律，这也正是景观建筑学这一学科所要深入探究的。城市景观设计大多从城市及相关区域环境的物质空间角度出发，结合人的活动需求进行设计，探求城市的美学价值。

城市景观设计也应从地理、生态的角度出发，探讨城市与周围市郊生态系统，为优美的城市景观提供可持续的物质基础。更进一步的研究与设计，则涉及建立良好管理制度、民主公开、严肃执法，通过制度保障城市的美好，这也是人类社会赖以进步的基础。

以上各类城市景观设计，都离不开城市文化。通过城市文化结合其他文化基因，可以创造美好、和谐的人类生活图景。

三、城市景观设计的意义

（一）寻求城市生活的意义

近现代以来，伴随着工业革命的爆发，人类社会摆脱了小农经济的羁绊，得以充分利用工业化成果进行大规模开发和改造自然，人们在享受火电、燃气、汽车、飞机等现代化设施的同时，也获得了现代文明的副产品——噪声、污染、环境退化等，还包括更深层次的对生存意义和目的的困惑与缺失。

当代社会，随着现代科技的不断发展，人们后天所获得的知识和信息，正迅速地传播、交流与融合。政治、经济、文化乃至生活方式等，都打破了国家、民族、地域的限制，而越来越趋同。不同的国家、同一国家的不同地域城市化进程均不断加快，使得不同城市间原有的景观特色正迅速地消失。

与此同时，在人类内心深处，与生俱来的对个性的追求、对传统的归属感，又使得人们本能地强调不同地区的特征与各民族的特性。由此，一方面，全球化是当今世界发展的客观进程；另一方面，人们也正不断、积极地追寻着自我，从未停步。

在这样的矛盾背景下，城市景观必将变得既雷同而又无序。对作为积极参与城市建设的城市景观设计者来说，虽不能解决一切社会矛盾，但应尽可能为淡化社会矛盾、创造良好的环境作出应有的贡献。

（二）促进人与城市景观的互动

从久远的过去到漫漫的未来，人类永远都会与自身创造的灿烂文化在互动的过程中相得益彰。人类聚居产生了城市，进而有目的、有意识地进行城市建设，直到现在还在进行着一轮又一轮的城市规划，这都反映出正是人类自己创造了灿烂的城市景观。而不同自然环境与文化背景下的人们，通过各自的实践活动，就会产生各异的城市形象，创造出各具特色的城市景观文化；而城市景观又会把人类创造的文化传承、发展下去，这是一个永不停息的互动过程。

在这个过程中，人们的聪明、才智和使命感，决定着城市景观的水准。文化内涵赋予了景观更深刻的意义。比如杭州的西湖，山水相映，加上文人墨客的点缀，历代称颂；更因家喻户晓的《白蛇传》传说，使得断桥、雷峰塔等景观平添了一种凄美意境。

而对于聚居环境中的个体而言，优美的城市景观又是一位无言的良师益友，通过城市景观设计，可以传承历史信息、规范人们的行为，甚至可能影响人们的世界观；对群体而言，可以创造社会集体具有共性特征的心理归属感，加强市民的荣誉感。

因此，优秀的城市景观设计能促进人与城市景观的良性互动。"城市的作用在于改造人"这是罗伯特·雷德菲尔德得出的结论。也许可以这么说，正是人类创造了城市景观，而城市景观反过来又塑造了人类自身，就某种目的而言，所有的城市规划设计归根结底都是为了人自身的发展规划。

四、城市景观设计的范畴与体系

自然环境是指自然界原有的自然风貌，如地形、地貌、植被、山脉、森林、江、河、湖、海等非人工形成的环境。人类在长期的生存与发展过程中，不仅能利用自然和自然环境和谐共存，而且学会了如何改造自然，让自然环境更加适合人类的生存发展，正是基于这种原因，研究人类与城市环境的关系，利用科学、合理的设计创造出优美的城市人性化环境，是城市景观设计研究的重要课题。例如，威尼斯这座城市，正是充分利用了地理和自然环境的优势，穿过城市的运河以及犹如艺术品的建筑使城市的魅力得到了提升。

城市景观设计集文化、艺术、技术、功能、审美为一体，包含诸多层面与众多学科。从层面上来分有历史的与现代的、自然的与人工的；从学科上来分有历史文脉与传统文化，社会、政治与经济，科学技术与造型艺术。尽管它涵盖面较广，但始终离不开"人"这一主题。著名评论家弗德曼在《环境设计评估》一书中写道："一个场所设计成功的最高标志就是它能满足和支持外显或内在的人类需求和价值，也就是提供一个物质和社会的环境。在其间，个人或群体的生活方式被加强，价值被确认。必须认识到谁是使用者，这一点相当重要。"

城市景观设计是多种设计的结合体，它的设计体系是建立在人、社会和自然要素之上的，这三大要素紧密相连：从宏观上看，城市景观设计活动是围绕这三大要素展开的，如果从城市景观设计相关学科之间的联系来分析的话，设计活动除了包括设计者对使用者、环境、功能、视觉效果、精神需求、设计的手段等因素综合考虑之外，还应该将设计因素涵盖在一个社会历史文脉之中。从城市景观设计体系中可以看出，城市景观设计在宏观上维系了人与人、人与社会之间的精神交流，改善了人类的生存条件，展示了人类历史与现代的文明，所以西方建筑师们认为20世纪80年代的重要发展不是产生了这个主义或那个主义，而是产生了对环境和景观设计的普遍认同。

当今，对城市环境的重视推动了城市景观的改进和完善，城市衰败地区的更新、公共空间的建设、广场街道景观的改善成为备受瞩目的核心问题。

五、现代城市景观设计基本理念

（一）新价值观主导下的审美

城市景观设计的美学评价源于人类的精神需求。今天，人们对生活的理想已不单单停留在物质的层面上，"诗意地栖居"成为人们追求的目标。城市的景观与建筑在承担重要的使用和实用的功能之外，还被界定在艺术审美的范畴之内，无论是西方艺术史还是中国艺术史，都给建筑以较高的美学评价。

景观美学与建筑美学虽同属于空间艺术美学范畴，但景观美学更加侧重于建筑与建筑之间、建筑群体之间、建筑与周边环境之间的和谐，追求的是城市整体的形象。美学价值范围广泛，内涵更丰富，而且随着时代的发展，人们的审美观也在变化。

城市景观规划的基础是空间设计，着重于城市空间形态、城市竖向轮廓、建筑高度分布、景观视廊、城市建筑景观等。美学审美要求以艺术的手法，从绘画、雕塑、音乐及建筑等方面，研究造型的决定因素，满足人们对于景观艺术的需求，核心包括三个方面。

形态美：视觉景观的美感给人以欢快愉悦、赏心悦目、流连忘返的感受。

生命美：是指生命系统的精华和神妙，包括高等动物、植物和人类自身，当前世界对于维护生物多样性的重视正是这一思想的体现。

生态美：归纳为对自然简洁明快的表达，反映的是人对土地的眷恋，并具备了有着美丽外表、良好功能的生态系统和按照生态学原理、美学规律来设计的特点。

从以上可以看出，景观设计学在推动人类物质生活环境变化的同时，也体现着人类生存理想和精神审美的不断演变。

中国风景园林是多维空间的艺术造型，一直以来始终坚持在以讴歌自然、推崇自然美为特征的美学思想体系下发展。生态园林强调艺术美与自然美、形式美与内容美的辩证统一，以艺术为手段，以展示自然美为目的，以形式美为框架，以内容美为核心，力求体现不是自然却胜似自然的生态效益和人文景观。强调动静结合、静中寓动、动中求静，静态景物中有动感，动态事物里蕴藉着无限清幽纯朴的静谧之趣；强调远与近、大与小、明与暗、露与藏的对比烘托、借衬，更注重疏与密、高与低、俯与仰的搭配，尤其注重林冠线的变化和色彩调配；强调以植物组景为主，并追求色相与季相变化，特别注意追求形象美、层次美、风韵美；强调景物之间的相互借衬与烘托，并注重外景的亲和、融合、呼应、渗透。

当代中国的城市景观设计，应充分发扬这些具有民族特色的生态美学观点，在最大限度地体现空间艺术美的同时，将这种空间意识与城市的历史美感和城市精神相结合，以体现出城市的独特意境，给人们以特殊的艺术知觉。

审美是以较高形式反作用于实践的过程，中国当代景观设计在颠覆和离弃传统美学的同时，在语言形式和建构的层面汲取了现代主义的营养，当代艺术的介入增加了其丰富性，而当代景观美学的最大转变源于价值观的转变。

生态学的崛起和人性化的释放引起传统的带有精英式和永恒性的美学形式发生转向。通常，美是通过大量的重复与提炼的过程，最终使事物熟悉化和舒适化而获得的，它依赖于比例、色彩和语言之间的高度协调、和谐，稳定及平衡是其要义。但是，新价值体系的建立产生了新的审美取向，在某种程度上的"自然美"也是美的最高境界，其背后涌动着的是自然规律控制下的生态美。生态美被当代景观设计提到了一个新的高度，可能是杂乱无序的，但是是具有生命力的。正如"野草之美"也是被符号化了的当代景观美学转向的一个重要特征。

（二）景观设计是现代艺术的实践体现

景观设计与艺术最大的不同是，它不仅向人们提供了精神文化与审美上的需求，还向人们提供了物质需求。《环境设计丛书》中指出："环境设计是比建筑范围更大，比规划的意义更综合，比工程技术更敏感的艺术，这是一种实用的艺术，胜过一切传统的考虑，这种艺术实践与人的机能密切联系，使人们周围的物有了视觉秩序，而且加强和表现了人所拥有的领域。"

现代艺术所表现出的丰富性、多样性以及艺术大师们的作品中的各种思想、理念、表现手段、选用的语言符号，都对建筑和景观设计的发展起到了巨大的推动作用。

现代艺术从实质上表现出对以往各种艺术界限的突破，将艺术推向极端的状态，探索和尝试了绘画艺术与其他视觉艺术的关系，艺术与设计艺术的关系，艺术与非艺术的界限，艺术与自然的关系，艺术与生活的关系等。这些多方位、多层次的问题探索，为当代建筑设计和景观设计提出了新的思想理念，极大地丰富了造型设计的语言，拓展了造型艺术设计的艺术手段，同时深刻地影响和改变了人们的审美方式。这些艺术探索和实践对当代景观设计的实践创作产生了极大的影响。

现代艺术家提出"生活就是艺术""人人都是艺术家"的口号，改变了现代艺术过于强调形式的观念，而将生存、生活变成关注的重点。他们将艺术转变成生活，又把生活转变成艺术，两者之间的互换，表现了当代艺术对关注界限的突破，推动了建筑设计、工业设计、产品设计、家具设计、景观设计等领域设计理念的变革。

城市的公共艺术产品是城市景观的有机组成部分，也是现代艺术最重要的表现形式之一。园林、雕塑、建筑等综合设计的组合艺术，是城市环境设计中画龙点睛的重要组成部分。除去美化功能，还是特定纪念性、主题性的大型艺术最为适合的表现形式。

在城市景观设计中，公共艺术的表现形态是千变万化的，规模也大小不一。可以是一组兼具地方特色和娱乐的雕塑物，或是一栋具有历史情感的建筑，或者是街道中的各种装饰元素。无论公共艺术以什么面貌出现，必须是一种可被感知和认知的形式，可以引导接受者或观赏者去领会创造者的理念。根据空间环境与作品之间的互动关系，公共艺术可归纳为十大特征、三大类型、四大表现形式。

1. 十大特征

（1）参与性。公共艺术是开放、民主性的，参与方式是多种多样的，并能公正地对待每个参与者的意见。

（2）互动性。通过艺术家与艺术、公众之间的良性交流、沟通，实现作品的公共性。

（3）过程性。注重作品的过程，而不仅仅是它的结果，在时间变化的过程中不断呈现新的意义。

（4）问题性。优秀的作品通过表达自己的价值立场，发现社会问题，体现社会公正和道义，具有社会价值。

（5）观念性。公共艺术不再是形式上的艺术，而是作为一种思想上的体现，通过公众的参与，最终影响公众的观念。

（6）多样性。就场所而言，公共艺术的展示空间是很广泛的；就艺术形态而言，它又是多元的。

（7）地域性。创作的元素和表现的风格、材料等，都应该体现出一定的地域文化。

（8）强制性。人们无法因为个人的喜好而回避公共艺术，因为公共艺术带有强制性的影响力，所以要求创作者考虑大多数人的审美要求。

（9）通俗性。公共艺术作品应满足公共性下的通俗化倾向，强调亲和力，但是也要提升文化层次，反对一味地迎合民众的做法。

（10）综合性。公共艺术的创作要综合考虑功能、人文、环境、材料、心理情感等诸多方面的要素，涉及社会学科与自然学科等诸多学科的综合。

2. 三大类型

（1）点缀环境的公共艺术。考虑尺度、色彩、质感、体量等视觉因素与实地环境相呼应。

（2）体现实地文化特性的公共艺术。根据当地的生活习惯、文脉联系、历史特性等来塑造作品，以和谐的方式与实地的文化背景相对应。

（3）依靠环境而存在的公共艺术。凸显作品与环境的依存、融合关系，通过实地观察和考量，以材质、造型的默契呼应，以比例、尺度和节奏的恰当把握，使作品处于融洽的环境氛围中。

3. 四大表现形式

（1）公共设施。现代城市公共艺术的产品最终表现为公共设施。公共设施除了使用功能，还具有装饰性和意向性，其创意和视觉意向直接影响着公共艺术的表达，如路灯、座椅、垃圾筒、电话亭等设计。

（2）城市色彩。城市色彩是对构成城市公共空间景观色彩环境的一切色彩元素的总称，包括建筑物色彩、广告招牌色彩、标识色彩、街头小品色彩、道路铺装色彩等。

（3）城市雕塑。作为城市景观中主要的标志物和公共艺术的重要表现形态，城市雕塑往往被赋予深刻的文化内涵，能引起人们的共鸣。城市雕塑在表现形式上可以分为具象和抽象两种，其质地和材质需要体现出地域特征和时代精神。

（4）城市照明。城市照明不能局限于路灯本身的技术层面，还应考虑审美需求。从城市景观的层面出发，在白天与周围空间协调，在夜晚创造良好的气氛。同时，还要挖掘城市的文脉，使照明成为构筑城市公共艺术的一个不可或缺的元素。

六、城市景观设计的工作对象

城市景观作为景观学的重要分支，研究对象涵盖了城市历史景观、自然景观和人文景观三个方面的内容。这三个方面的内容相互渗透、相互融合，共同组成了城市景观的基本骨架，也是设计师进行城市景观设计工作的重要对象。

（一）历史景观

在城市发展的过程中，不同历史时期、不同地域的人们创造了不同的城市文化环境。美国建筑大师沙利文曾说："根据你的房子就能知道你这个人，那么根据城市的面貌也就能知道这里居民的文化追求。"西方文豪歌德说："建筑是石头的书。"雨果说："人类没有任何一种重要的思想不被建筑艺术写在石头上""注入人类家园的每一条细流都不再是自然之物，它的每一滴水珠都折射着文明之光"。日本建筑大师黑川纪章说："其实我们创造城市就是在创造文化。如果城市的建造仅是出于经济目的，那么城市中的人是很不幸的。"

在城市现代化进程中，城市文化环境的营造，是一个高标准、高层次的课题。它不仅是物质文明的建设，同时还受到政治、经济、文化艺术、历史传统、民风民俗等诸多方面直接或间接的影响。比如西安作为文化古城，经历了周、秦、汉、唐等13个朝代，累积了几千年的历史文化，成就了大关中经济带、大关中城市群的"首府"，成为"一带一路"的重要节点。又如我国学者在研究江南地区城市文化之后，将这个地区城市文化的宏观取向归纳为三个特征，即"亲水性""文人性"和"统一变化、饶有特色"。这些特征反映在城市景观上，建筑、桥梁、园林、绿化、名胜古迹每每与水亲和，城市景观以水称胜，显现出阴柔秀美、富于灵气的性格。文人是江南城市文化建设的参与者，起着积极的引导和示范作用，因而城市文化环境显得文质彬彬、诗意盎然。江南城市文化虽有共性，但并非千篇一律，其风格在统一中又千变万化，富有个性，饶有特色。由此可见，如果我们把握了地域文化的宏观特征，也就接触了城市文化之本，就有可能在新的城市景观设计中有所创新。

（二）自然景观

自然景观是指自然界原有物态相互联系、相互作用形成的景观，它很少受到人类影响，诸如自然形成的河流、山川、树木等。

（三）人文景观

人文景观包括两个方面：一是指人们为了满足自身的精神需求，在自然景观基础上附加人类活动的形态痕迹，集合自然物质和人类文化共同形成的景观，如风景名胜景观、园林景观等；二是指依靠人类智慧和创造力，综合运用文化和技术等方面知识，形成的具有文化审美内涵和全新形态面貌的景观，如城市景观、建筑景观、公共艺术景观等。总之，由人的意志、智慧和力量共同形成的景观属人文景观的范畴，其内容和形式反映出人类文明进步的足迹，体现出人类的创造力和驾驭自然及与自然和谐相处的能力。

人文景观设计涉及范围广泛，大到对自然环境中各种物质要素进行的人为规划设计、保护利用和再创造，对人类社会文化物质载体的创造等；小到对构成景观元素内容的创造性设计和建造。人文景观设计建立在自然科学和人文科学的基础上，具有多学科性和应用性的特点，其任务是保护和利用、引导和控制自然景观资源，协调人与自然的和谐关系，引导人的视觉感受和文化取向，创造高品质的物质和精神环境。

七、城市景观设计的主要任务

城市景观是人类文明发展的典型产物，不同的城市区域环境、区域资源、区域文化、区域发展历史和人类社会活动、生产活动不同，形成了具有地方特色的建筑和城镇，产生了多样的城市环境和景观。

城市景观设计的主要任务，就是通过科学的调研方法和调研活动，了解不同城市的个性特征和景观资源，通过设计并将设计变为现实，不仅要创造出满足人们生理需要的良好的物质环境，以及满足人们精神需求的健康的社会环境和惬意的心理环境，更要创造出丰富多彩、形象生动的城市艺术景观，给人以美的享受，保证和促进人们的身心健康，陶冶高尚的思想情操，激发旺盛的精神和斗志。

八、城市景观设计的基本原则

（一）以人为本的原则

城市景观设计的最终目的是应用社会、经济、艺术、科技、政治等综合手段，来满足人们在城市环境中的生存与发展需求，来满足以城市为中心带动郊区及其周边农村发展需求。它使城市环境充分容纳人们的各种活动，而更重要的是使处于该环境中的人获得人类的高度气质，在美好而愉快的生活中鼓励人们的博爱和进取精神。人是城市空间的主体，任何景观设计都应以人的需求为出发点，体现对人的关怀，根据婴幼儿、青少年、成年人、老年人、残疾人的活动行为特点和心理活动特点，创造出满足其各自需要的空间，如运动场地、宽阔的草地和老人俱乐部等。时代在进步、发展，人们的生活方式与行为方式也随之发生变化，因此，城市景观规划也应适应这种变化的需求。

（二）尊重自然、整体优化原则

自然环境是人类赖以生存和发展的基础，其地形地貌、河流湖泊等要素是构成城市的主要景观资源，尊重并强化城市的自然景观特征，使人工环境与自然环境和谐共处、整体优化，有助于城市特色的创造。古代人们利用风水学说在城址选择，房屋建造，使人与自然达成"天人合一"的境界方面为我们提供了参考树立了榜样。今天在钢筋混凝土建筑林立的都市中，积极组织和引入自然景观要素，不仅对实现城市生态平衡，维持城市的持续发展具有重要意义，同时以其自然的柔性特征"软化"城市的硬体空间，为城市景观注入生气与活力。

（三）景观个性原则

城市景观建设大多是在原有基础上所作的更新改造，今天的建设成为连接过去与未来的桥梁。对于具有历史价值、纪念价值和艺术价值的景物，要有意识地挖掘、利用和维护保存，以使历代所经营的城市空间及景观得以连贯。同时应用现代科技成果，在城市景观的多个要素方面，创造出具有地方特色与时代特色的城市空间环境，以满足时代发展的需求。

(四) 多样和谐原则

城市的健康与美要体现在整体的和谐与统一之中。漂亮的建筑的集合不一定能组成一座健康与美的城市，而一群普通的建筑却可能形成一座景观优美的城市，意大利的中世纪城市即是最好的例证。因此，一个城市只有达到多种景观要素协调统一，富有变化，才能体现出整体的健康与美，才能稳定、健康、和谐、持续地发展。

九、城市景观规划设计的主要内容

城市景观规划设计是通过城市中的自然要素与人工要素的协调配合，以满足人们的生存与活动要求，创造具有地方特色与时代特色的空间环境为目的的工作过程。其工作领域覆盖了从宏观城市整体环境规划到微观的细部环境设计的全过程，一般分为城市总体景观、城市区域景观与城市局部景观等三个层次。城市景观规划设计是对城市空间视觉环境的保护、控制与创造，它与城市规划等有着密切的关系，它们之间互相渗透、互为补充。城市规划一般是对城市土地所作的平面使用计划，其道路系统的组织与用地安排对城市景观的形成有很大影响，因而在做城市规划时就应该考虑到景观的内容。城市景观规划设计是就土地立体使用并考虑各局部与整体构成所做的规划，对各城市景观要素按上述的原则，进行合理的规划设计。其内容是在上述三个层次的基础上，在不同的景观区里进行城市基质、斑块（镶嵌体）和廊道的规划设计。

城市景观是经济实体、社会实体和自然实体的统一，它兼有两种生态系统——自然生态系统和人类生态系统的属性。因此，城市景观规划设计除收集和调查城市景观的基础资料，对城市进行景观生态分析与评价的基础工作外，其设计主要集中在三个方面：环境敏感区的保护、生态绿地空间规划设计和城市外貌与建筑景观设计。环境敏感区是对人类具有特殊价值或具有潜在天然灾害的地区，属于生态脆弱地区，可分为生态敏感区、文化敏感区、资源生产敏感区和天然灾害敏感区。生态敏感区包括城市中的河流水系、滨河地区、特殊或稀有植物群落和部分野生动物栖息地等；文化敏感区指城市中文物古迹、革命遗址等具有重要历史、文化价值的地区；灾害敏感区包括城市中可能发生洪涝的地区、地质不稳定区和空气严重污染区等。在城市中首先保护环境敏感区，对不得已的破坏应加以补偿。

一个城市，改善生态环境质量除了主要依靠对污染的防治和控制外，还要重视发挥自然景观对污染物的自净能力，特别是天然和人工水体，自然或人工植被、广阔的农业用地和空旷的景观地段，能起到景观生态稳定性的作用。注重城市中的自然生态系统，保持一个绿化景观环境，这对城市文化来说是极其重要的，一旦这个环境被破坏，被掠夺，被消灭，那么城市也随之衰落。强调重新拥有绿色环境是城市更新的重要条件之一，可使城市重新美化，充满生机。我国著名科学家钱学森提出建设山水城市的设想：城市应与园林山水相结合，保护自然景观与人文景观。可见，城市绿地对城市景观是很重要的。从景观生态学角度考虑，生态绿地不仅数量要多，而且要分布均匀，大斑块与小斑块相结合。

要创造一个良好的生产、生活环境和优美的城市景观，还要考虑景观的总体控制，即城市外貌与建筑景观的总体布局，根据城市的性质、规模、现状条件，确定城市建设艺术的轮廓，体现城市美学特征。城市外貌要与城市的地形等自然条件相适应。平原城市，建筑群布局可紧凑整齐，在建筑群的景观布置上，高低搭配合适，广场、道路比例合理，使城市具有丰富的轮廓；丘陵山区地形变化大，一般宜采用分散与集中结合的方法，在高地上布置造型优美的园林风景建筑，丰富城市景观的视觉多样性。建筑景观不仅要体现建筑物的体量、轮廓、色彩和绿化等内容，还要与城市的性质、规模等相适应，并且建筑群之间要协调。如遇两类不同风格的建筑物或建筑群时，中间用一定宽度的植被带分开，避免有一刀切的感觉，实现二者的完美过渡。

第二节　不同类型城市景观设计

一、城市公共景观设计

（一）城市公共景观设计的原则

1. 参与性原则

参与性原则是现代城市公共空间设计的首要原则，也是城市的活力所在。参与是交互的前提，是人们获得各种体验的前提。美国著名风景园林师劳伦斯·哈普林认为："将城市空间塑造为一个个人们可实现自我创作的场所，观察研究人们在景观中对空间的感知及行为，倡导景观设计要让人们在场地中活动的同时可以拥有多种感官体验。"根据他的观点，人在空间中感知、行为体验以及实现自我是极为重要的。参与是获得体验的前提，也是城市生活活力的所在。

2. 地域性原则

"地域性"一词来源于"地域主义"。"地域主义"最早出现在建筑设计领域，指的是在特定地区条件下具有地域特征的建筑风格。所谓景观的地域性，一方面指的是在特定的时间、空间内，某一地域内的景观因受其所在地域的自然条件、地域特征和历史文化等因素的特定关联而表现出来的有别于其他地域的特性；另一方面指的是在景观设计中表现出来的当地民俗风格，以及历史遗留下来的文化印记。由于地理地域的差异，人类社会的建筑、城市、乡镇景观都不相同，在地球的不同空间区域中出现了不同的人文景观。城市景观地域性的形成主要有四个方面的原因：一是当地的自然条件、地形地貌、水文气候；二是历史文化；三是民风民俗；四是当地材料。

自然环境不同，使不同地区的人们形成不同的生活习惯、价值观、审美观、文化风俗等。而当地的居民也会因为要适应自己所处的地域环境而逐渐形成独特的生活习惯，这些是自然选择和社会发展共同作用的结果。观念和习惯形成后，便会对社会和生活产生影响，成为整个城市和区域的风气。不同的自然条件会产生不同的自然资源，不同的自然资源具有不同的地域特色，对不同的自然资源加以利用能够为城市景观的生态设计带来意想不到的效果。

乡土植物对于当地的自然生态环境适应性最高，是生物多样性构成的一部分，也是当地生态环境能够稳定且持续发展的重要因素。另外，过度引入外来物种会给当地生态系统带来不可预料的改变甚至危害，而乡土植物的使用则可以有效避免危害的产生。因此，利用乡土植物维护地域特征是设计生态化的一个重要方面，也是时代对景观设计师的要求。因地制宜不仅适用于宏观的城市景观设计，也适用于微观的城市景观设计，也就是说，在同一座城市内，不同的区域对于城市景观设计的要求可以不同。

3. 与自然协调原则

城市景观在规划设计时，要严格遵循与自然发展协调一致的原则，并以此为基础，从景观的比例、空间、结构、类型和数量上进行认真研究和分析，本着和谐、统一的原则设计规划景观的整体风格。同时，要协调人与环境之间的关系，在保护环境的前提下，努力改善人居环境，使景观生态文化和美学功能整体和谐，只有综合考虑，才有可能规划布局出功能合理、富有特色的城市空间景观。景观总体设计应力求自然和谐，同时也应强调可以自由活动的连续空间和动态视觉美感，避免盲目抄袭、照搬现象的发生。

（二）城市公共景观设计的方法

1. 以城市绿化为研究对象的公共景观设计方法

植物具有光合作用，可以将空气中的二氧化碳吸收并转化成氧气，而在城市碳循环系统中，人类活动及汽车尾气排放的二氧化碳占到总排放量的 80% 以上，绿色植物系统是重要的气体转换系统，它在平衡碳量循环体系中具有不可忽视的作用。对于设计方法，可以从四个方面进行讨论。

（1）对原有植被种类的保留：通过对现有生长质量较好的植被进行科学的管理和保护，以保证城市景观中对碳吸收能力的基本调整。

（2）对树木种类的优化：不同植物对碳的转化能力不同，在原有城市景观设计目标的前提下，尽量选用碳转换能力强、绿化效果更加美观的树种。

（3）设计适宜的群落结构：多层次植物组合的结构相较于单物种植被群落的结构对于碳的吸收和转换具有更好的效果，群落的种类组合越多，对碳循环系统的贡献越稳定。

（4）对垂直绿化和城市建筑屋顶绿化的培育：城市作为人口生活密集区域，土地资源相对有限，因此，规划好垂直绿化和屋顶绿化不仅可以减少直接占用土地资源，而且还能为缓解"城市热岛效应"做出贡献。

2. 以水体设计为研究对象的公共景观设计方法

水是人类生存的源泉，是自然界中重要的组成部分之一。水体景观是城市景观中的点睛之笔，是城市景观设计中不可或缺的内容。由于水体占地面积较大，所以，城市景观中水体工程所占的比例相对较少，但它对于城市的低碳目标有着不可替代的作用，是碳循环系统中的一个重要环节。与绿化不同，对城市水体景观的设计主要应从以下几个方面进行考虑：

改善原有的不良水质。水体景观的清洁是设计的最基本条件，设计人员可以先对目前已有水体的水质情况进行研究，从治理城市污水、修复生态湖泊等多角度、多领域研究优化水质的对策，然后设计水体结构和形态，实现动静相结合的方式，提高一定的水体置换能力，并加强对城市降雨的收集除污处理，减少后期的污染物输入。

对水体岸边生物的优化，创建整体水滨区域。由于水体周边水分充足，土壤肥沃，其所生长的植物、栖息的动物也多种多样，水滨区域的植被、动物、水体共同成为城市景观的一大亮点。良好的水滨区域环境，给绿植创造了更佳的成长条件，从侧面影响了其对城市碳排放的转换能力，有效降低了"城市热岛效应"。

（三）城市公共景观设计的流程

1. 分析资料数据

资料数据的形式有很多种，包括图纸、文本、表格等。城市公共景观设计资料的数量庞大，必须进行一定的取舍和分析。按照规划设计的目标和内容，可以在收集数据之前先制作一个资料收集表格，有针对性地进行收集，可以使工作效率得到极大提升。

2. 确定设计目标

在充分分析资料数据的基础上，明确规划设计的基本目标，并确定方针和要点。基本目标是规划设计的核心，是方案思想的集中体现。

在制定目标时应与现实状况相符，同时要突出重点。规划设计方针是实现目标的根本策略和原则，是规范景观建设的指南，它的制定应服务于规划设计基本目标，简明扼要。规划设计要点是具有决定意义的设计思路，关系到方案是否成功，因此，规划设计要点必须符合目标。

3. 确定规划方案

在确定了基本目标后，就进入了规划方案阶段。这一阶段主要通过规划图，进一步确定设施的基本位置和大小形状、出入口位置、停车场的位置与规模、道路走向和宽度、绿化树种等。规划图包括平面图、立面图、断面图。除此之外，还可以通过三维鸟瞰图、效果图、各类图表、规划文本来表达规划意图。规划方案能够基本确定空间未来的形态、材料和色彩，要不断与委托方、公众进行交流协调，反复推敲，必要时还可以制定多种候选方案。

4. 进行具体设计

在确定规划方案后，接下来就进入了具体设计阶段。这一阶段的设计在一定程度上深入细化了上一阶段方案，同时也为建设施工做准备，所以，通常不会在大的方向上对方案进行改动，只能在细微之处进行相应的调整。然而，也有可能在这一阶段发现方案存在重大失误，这样就需要重新进行规划。具体设计阶段包括方案的细化、建筑设施设计和施工设计三个部分，设计人员需要掌握更加详细的项目条件。

施工设计必须贯彻规划的意图，在细部的处理上要做到多样统一、独具匠心。这一阶段需要制作大量的施工图。随着工业化水平的发展，建筑材料的种类越来越多，性能也逐渐提高，不同建筑材料的质感一般不同，因此，设计人员应按照其质感特征选择建筑材料，同时还要考虑使用年限、耐用程度和费用。

（四）城市公共环境景观的场地设计

1. 场地分析

城市公共环境不仅是自身包含各种层次的系统，同时也是处于所在城市整体系统中的一个环节。城市公共环境的设计，首先应把城市公共环境视作特定城市环境总体关系中的有机单元而非孤立片段，分析其在城市完整系统中与其他关联要素，诸如周围建筑、道路、绿化、城市景观之间的有机联系与配合；其次还应充分考虑自然条件，如地形、朝向等因素的影响。

在场地分析中，一方面需尽可能地充分利用周围环境的规划情况、道路以及场地现状中的积极因素进行总体布局；另一方面也需要针对场地现状与设计要求两者所存在的矛盾，大力改善原有环境中的不利因素，以适应需要。

2. 场地出入口选择

景观应依据基地及其环境条件，进行场地出入口选择。场地出入口应与附近的干道有比较方便的联系，充分考虑人流畅通活动的条件。如果所处地段面临几个方向的干道，则应优先考虑迎合主要人流的方向。同时，其场地出入口停车场的位置和布置也应依照设计规范的内容满足交通功能的要求。

3. 场地功能与景观分区

场地内部功能分区主要依照外界环境的限定、自然条件、空间使用功能、人的心理行为方式等基本要求，确定空间领域以及形成空间层次。例如，外部的—半外部的—内部的；公共的—半公共的—私密的；多数集合的—中数集合的—少数集合的；嘈杂、娱乐的—中性的—宁静、艺术的；动的体育性的—中性的—静的文化的；开放的—半开放的—封闭的。场地各区域间的功能组织秩序可以是直线型的，也可以是向心型的，即以主体空间为中心，其余空间围绕布置的方式。

如果说功能分区主要解决的是场地使用性方面的问题，那么景观分区则更多涉及视觉观赏层面"看什么"的问题，可以从节点、轴线、界面、层级结构等方面来进行考虑。此外，景观本身还具有可变性及复杂性的特点。在此基础上初步形成各部分空间区域的流线序列、动静分区、面积大小以及形态关系。

4. 场地道路交通组织

场地内的道路交通组织则应以出入口位置、功能分区与景观分区作为基础，总体布局上遵循安全、连续、畅通、便捷的原则。必须明确车辆领域和人的使用领域，各部分尽量减少相互干扰，并保持彼此的相互联系。出入口在视线上应有引导作用、流线畅通，减少曲折和迂回，同时利用设施导向，如路面连续的材料铺设或方向指示，连续照明灯具、树木引导等，使人视觉保持连续性和方向性。

（五）城市公共环境景观的空间构成方式

空间是城市公共环境景观设计的基本手段，它为人们提供了对户外环境与场所的不同使用方式。同室内空间，外部空间也具有三度空间的组成界面，其基础平面即底面包括大地、水体、低矮的植被以及所有铺地材料；垂直面包括建筑立面、围墙、乔灌木等；上部平面即顶面空间包括树冠、遮阳棚、天空等。

外部空间的设计通常是对前两种界面，即基础平面和垂直面的设计，但有时也会涉及对于上部平面的设计。将环境与场所理解、分析成三维形态的界面将有助于设计者培养空间意识，并提高其利用空间进行创造性设计的能力。

在城市公共环境景观设计中，各界面、物质要素与环境空间所构成的形态和组合关系是达成物质形体整体性的关键。城市公共环境的空间构成方式涉及空间的限定与分割、空间的过渡、空间的穿插与空间的序列等。

1. 空间的限定与分割

在城市公共环境景观设计中，通常通过实体或界面，在大的空间中再限定与分割出小的空间。对空间的二次限定与分割不仅可以划分出不同的功能空间，而且还可以使空间的比例与使用者之间更为和谐，营造丰富而亲切的环境特征。

设计中可以通过地面的升降或材质色彩等方式在底界面上限定与分割空间；也可以通过植物、垂直水体、地形、建筑物、构造物等垂直界面方式进行空间的限定与分割；还可以通过顶部界面进行空间的围合。

通常来说，通过底界面与顶部界面对空间进行限定与分割的方式，要比采用垂直界面进行围合的程度弱。当然，根据不同环境的小气候、场所特性以及人们的使用与体验要求，在设计中往往将不同的方式相结合使用。

空间的开敞是为了与城市环境的融合与人流集散，而部分空间的封闭性和非交通性则是为了创造出公共环境的场所性和领域性。除了大量人流疏散、纪念性的要求，城市中完全开敞和完全封闭的公共环境是比较少的，通常大量的城市公共环境是部分开敞、部分封闭的。

在设计中，为使城市公共环境既具有封闭的场所特性又满足开放性的社会使用功能，应根据公共环境的实际功能要求及特征，适当保持实体或界面的封闭性与连续性，其中应特别注意公共空间的高宽比例，开口的位置、数量、面积，以及檐口线的变化。此外，设计中还可以适当利用大型茂密的树木植物达成封闭性的目的。

2. 空间的过渡

当相邻一定距离的两个空间有第三个过渡空间来连接，过渡空间的形式和性质应与所连接的两个空间不同，以表示它的连接作用。如果过渡空间与所连接的两个空间没有大的区别，则形成邻接式的串联空间。有顶盖（如柱廊或底层架空）的过渡空间也可以使两侧的空间彼此连接、相互渗透。

3. 空间的穿插

多个空间相互重叠而形成一个公用部分，每个空间仍保持各自作为空间所具有的界限并具有一定的完整性，而总体空间兼有每个空间的特性。穿插的部分有时可以通过边界的提示（如一两步台阶，一排旗杆或列柱）而自成一体，成为多个空间的连接空间。空间的穿插还可以通过铺装不同材质、色彩和铺砌方式，来表示导向和空间的变化。

4. 空间的序列

城市公共空间是使用者在运动中进行感知与体验的场所，因此，前后不通空间的序列与关联性可以通过空间在形态、面积等方面的对比与重复来取得。此外，由于不同运动方式的人们感受空间场景的时间和距离各不相同，空间的序列和节奏也需要充分考虑主体的运动速度。

（六）城市公共环境景观的物质要素设计

1. 硬质环境要素设计

（1）铺地

地面是城市公共环境系统中的重要内容，它构成公共交通与活动环境中的基本界面，与人的关系最为密切。其中铺地材料，如混凝土、石块、陶砖、木材等，在实际设计中应用较为广泛和普遍。地面的优化设计，不仅为车辆、行人提供便利，保证安全，同时也对城市公共环境的美化起着重要的辅助作用。地面铺装的基本要求为以下三点：

①防滑、耐磨、排水、易于管理。

②具有导向性，引导、限定、标志空间。

③富于装饰性。

针对不同的使用方式具有不同的要求。例如，车行的地面要保持连续性，供车停泊的地面宜做停车位置的地面图案处理。而人行的地面则要从便利、安全、美观等角度出发进行设计。地面铺装材料的选择和铺砌方式主要取决于城市公共环境的功能以及整体空间效果。

不同质感和纹理的材料可以给人以不同的生理和心理感受。粗质感材料具有朴实感，尺度较大；细质感材料精致华美，尺度较小。质感和纹理的粗细对比，可以限定提示空间、增强环境的趣味性。

城市公共环境铺地色彩的选择要比建筑立面色彩具有更为广泛的选择自由度，鲜艳色彩以及强烈对比一般不会破坏环境的整体性。地面色彩的选择应与周围建筑以及环境设施等进行综合考虑，同时也应考虑光线照射强度的因素，如较阴暗处宜采用浅色、暖色使之具有明快感。

多样化的地面图案可以产生各不相同的视觉效果，表现出不同空间和领域行为方式的意义。例如，向心图案可以促使人们聚集和进行群体活动，或将视线集中于广场的中心主题，起到视觉集中的引导作用；而无向图案没有特定的方向感，则比较朴素安静。

（2）踏步和坡道

在具有不同地坪高度的城市公共环境中，坡道和踏步起到协助行人转移的作用。除了交通功能外，一些踏步和坡道还兼有休息观看的功能，它们既是有力的引导和分化空间的设施，又往往是戏剧性空间的起点，可以帮助突出环境的特性。

对于交通功能不十分突出的踏步和坡道，可不强调其方向性。踏步和坡道可以采用多样化的线性，如曲尺形、折线形或曲线形。

踏步的坡度应为 1：7～1：2，级数 11 左右较为舒适，平台宽度不应小于 1 m；坡道的坡度 1：5，无障碍设计坡度应为 1：12，不应超过 1：10，且表面必须防滑，地面水应向路面的两侧排水，不应顺坡排水。

踏步和坡道的材质、拼接等与地面铺装具有相似之处，在较大规模的开放空间，它们往往相互交错，可以与瀑布流水、花坛绿景、灯具雕塑等相结合，创造出生动的坡面景观。

（3）环境设施

城市公共环境设施按照主要服务功能可分为安全设施、便利设施、情报设施等几大类别，在设计中充分考虑人的行为习惯以及生理、心理特点，符合功能性、舒适性等要求。同时设置的位置、方式及外观形态均应结合环境，因地制宜，符合空间特色。以下分别列举四种代表设施加以简单介绍。

①安全设施

护柱——护柱通常设于居住区、步行商业街入口或广场中心，起到阻止车辆侵入、划分引导空间、丰富景观等作用。由于设置在人流比较密集的城市公共环境中，因此，往往与照明、休憩设施相结合，以满足多样化需求。

围墙与栏杆——围墙与栏杆主要用于分隔环境内外区域，防止车辆、行人侵入，具有较强的限定与引导作用。由于表露面积较大，因此，其形态、色彩、高度、材质等都应与围挡环境的性质特点相呼应。

②便利设施

公厕——公厕常设于街道、广场、公园绿地干道附近。其设置需要便于人们寻找，同时也要充分考虑其体量与造型对于周围环境的影响。置于地下的公厕入口要明晰，可以通过特殊标志、铺地和护墙阶梯扶手等加以引导。公厕设计要求便利、清洁、舒适、环保与节能。

售货亭——售货亭是在街头和人流密集的城市公共活动场所为满足行人即时需要而进行商品零售服务的专用服务设施，具有小型多样、机动灵活、购销便利等特点。最为常见的主要有销售香烟、饮料、冰激凌、食品、报刊、旅游纪念品等的售货亭。另外，也有自动擦鞋、照相、兑换票券的无人服务台。售货亭除有机械、贮存设备，还有展示、咨询、标识等辅助功能内容。其设计要求尽量集中设置，位置适当，留有充裕的活动空间，上空设有棚盖，除了符合现代功能要求，其在造型上也要注意与环境的协调关系。

座椅——在城市公共环境中，座椅是为人们提供休息、观望、交谈的专用设施。它和人体有着最密切的关系，也是最容易创造亲切环境的实质要素。座椅材料多为木材、石材、混凝土、陶瓷、金属、塑料等，应优先采用触感好的木材，木材应作防腐处理，座椅转角处应作磨边倒角处理。室外座椅的设计应满足人体舒适度要求，普通座面高 38～40 cm，座面宽 40～45 cm；标准长度：单人椅 60 cm 左右，双人椅 120 cm 左右，三人椅 180 cm 左右；靠背座椅的靠背倾角以 100°～110° 为宜。座椅附近应配置烟灰皿、垃圾箱、饮水器等服务设施。根据所在环境与使用人员的不同，座椅可分为长时间休息和短暂停留两种用途。在一些特定场所，其他设施如护柱、花坛等也可以兼有休憩功能。座椅设计要满足人们生理、心理的要求，同时在色彩、体量、造型、材质等方面，也要特别考虑与环境（环境性质、背景、铺地）的呼应关系。

垃圾箱——垃圾箱是维持城市公共环境卫生的设施，垃圾箱分为固定式和移动式两种。它有木材、石材、水泥、塑料、彩陶、混凝土、玻璃钢、不锈钢等各种材质，主要设置在行人停留时间较长及易于丢弃垃圾的场所。普通垃圾箱的规格为高 60～80 cm，宽 50～60 cm。而对放置在公共广场的垃圾箱要求较大，高宜在 90 cm 左右，直径不宜超过 75 cm。垃圾箱设计要保证筒体有一定的密封性，筒内装有可抽拉的套体或可更换的塑料袋，周围地面平实。一般个别设置的垃圾箱多位于休憩或商业性公共空间，在此空间中从事的活动最容易产生小量、快速且性质强烈的垃圾，因此，此种垃圾箱需要数量多、容量小。而集中式垃圾箱多为对大量垃圾收集与处理的装置，体量较大，在空间中甚为醒目。此外，配合活动高峰时期，还可设置临时增补式垃圾筒。

饮水器——饮水器是公共环境中为满足人的生理卫生要求经常设置的供水设施。饮水器分为悬挂式饮水器、独立式饮水器和雕塑式饮水器等。饮水器的高度宜在 80 cm 左右，供儿童使用的饮水器高度宜在 65 cm 左右，并应安装在高度为 10～20 cm 左右的踏台上。饮水器的结构和高度还应考虑轮椅使用者的方便。

③情报设施

电话亭——电话亭是人们进行双向通信与联络的必要设施。电话亭的形式根据所处环境的公共性及使用频率可采取隔音式、半封闭式及半露天式。设置台数可分为独立设置、两间并列、多间集中。其设计造型特别要注重使用效果，既要考虑遮风避雨，又要保证通话的私密性以及人体比例尺寸与设施间的和谐，还需要照顾到弱势群体的需要。

告示牌——告示牌是为人们提供准确而详尽信息情报的设施，如报栏、招贴栏、展示橱窗、路牌、标示牌等。告示牌的造型、色彩、材质首先要考虑其在环境中的易识别性；其次，告示牌的设置地点要便于人们获取信息而又不能在环境中过分注目，特别在历史文化保护地段或自然保护区中尤其如此；最后，其外观造型也要求具有装饰与导向作用，必要时还可与雕塑、照明、廊亭等其他设施结合在一起。

④其他设施

雕塑——雕塑是具有独特环境效应的造型艺术。按使用功能可分为纪念性雕塑、主题性雕塑、功能性雕塑与装饰性雕塑等。从表现形式上可分为具象雕塑和抽象雕塑、动态雕塑和静态雕塑、圆雕、凸雕、浮雕等。雕塑在布局上需要根据视觉规律，注意与周围环境的关系，其材质、色彩、体量、尺度、题材、位置等应与环境相适宜。

灯具——灯具既可以为人们夜间活动提供照明条件，也可以成为城市公共环境中的造景元素，灯光还可以强调特色景观如喷泉、雕塑、建筑图案等。灯光主要类型包括路灯、园林灯、投射灯等。灯柱的类型、高度、间距需要从以上功能条件考虑。高强度灯的灯杆高度至少10 m，人行道等高度最多为 3.6 m，由于台阶处或园林植物区需有足够光源，多用 90 cm 园林灯或低杆灯。

2. 软质环境要素设计

（1）绿化

在城市公共环境中，绿化是人工与自然交融的手段，它不仅可以改善和创造良好的环境质量，并且具有帮助组织外部空间、装饰美化环境等作用。绿化设计应在与总平面布置以及场地环境相协调的基础上综合考虑植物特性、环境功能及观赏艺术性等要求。

其具体要求为：

①按照场地范围内建筑物及道路与周围环境要求布置基地内绿化。

②因地制宜选用植物树种，按照功能与性质，优先选用地区性树种。

③不影响交通与地上地下管线的运行与维修。

（2）水体

水体本身无色、无味，且没有固定的形状，但它以其独特的功能本质、视觉形态和心理特征成为城市公共环境中的一个重要物质因素。水体不仅具有净化空气、调节小环境气候的功能，而且与其他要素相结合，可以丰富室外空间层次与景观内容，借助水体的点（焦点）、线（网络）、面（背景）等形态的综合布局，可以取得多样性的空间变化；同时，借助水体自身的流动、渗透、聚散、光影等特性，还可以为城市公共环境营造出具有特色的效果氛围；此外，水体与高科技的声、光、电相结合，更能增加环境的艺术魅力与趣味性。

二、不同的办公环境景观设计

（一）企业办公环境

企业办公环境的设计，需要考虑企业办公主体的整体形象营造，也需兼顾个性意识。环境包含着促进工作效率和展示公司企业文化的功能。同时，需要在功能上体现对员工社会性生活的尊重。设计成功的本质在于对整体办公环境的理解。办公外部环境是指在办公建筑这个特定的建筑性质引发的环境氛围辐射下，隶属于城市环境，主要为办公建筑使用者提供行为活动场所的外空间环境，因此，它并不属于城市公共空间，不对所有城市公众开放。

从功能方面讲，特定建筑的外部空间，一般要承担该建筑的部分使用功能，满足使用者特定的户外活动要求；办公建筑外部空间又属于城市空间体系中必不可少的组成部分，在景观、生态、文化等方面，对整体城市空间体系和空间特征具有不同程度的影响。

依傍莱茵河畔的瑞士诺华新园区总面积为 $20.64hm^2$，这里曾经是建在旧铁轨旁的工业园区，多年来发展了大量的工业生产点。然而环境却遭到了严重的破坏，土壤污染严重，地下设施接近饱和，几乎占用了所有建筑之间的空地。因此，景观设计师设计了几个主要的户外空间环绕在总部大楼周围，包括论坛广场、庭院和街景。论坛广场的入口效仿了古老城镇广场的样子，以展示贝塞尔这座城市悠久的历史。园区内到处可见户外公园、各种植物和大规模艺术设计。该园区有员工 5500 人，园区内所有建筑和公共空间的设计和施工都以环保为标准，即低能耗、本地植物覆盖、雨水径流规划和绿色屋顶种植。

（二）教育环境

教育环境主要指校园环境的设计。校园环境的设计，包括外部开敞空间和内部驻流空间的设计。外部开敞空间主要是指建筑基底以外的，包括自然环境和人工环境在内的室外空间场所。外部空间配套功能要素主要包括外部空间休憩娱乐设施、服务功能配套、交通与集散功能配套、运动健身功能配套等内容。

开放性的、趣味性的、互动性的、教育性的环境设计可以给学生提供相当好的交流空间、交往平台。这种交往是多方面的，包括室内外之间平面、立体、垂直。教育环境的景观设计目标之一就是让学生在环境熏陶中成长，达到"环境育人"的目的。

校园设计中应强调"以人为本"的思想，强调步行空间、人的尺度，以及人与自然、人与人的交流。除了最主要的教学空间，整个校园的学生生活空间都应作为一个整体受到重视，力求为学生创造一种安全舒适、多功能和具有弹性的环境空间，使学生的天性得以发挥，并能引导学生健康向上。

伊斯特莫大学的新校园坐落于危地马拉迅速发展的圣伊莎贝尔社区，这个 49hm² 的基地掩映在美丽的山坡与山谷中。大学教学宗旨与目标包括对个人以及周边社区的高度关注。新校园的空间形式是大学对社会目标的回应，与推进现代学习关系的体现。考虑到影响基地的生态力与系统，新建筑充分考虑位置与朝向，促进自然通风与光线引入。从山脊上俯瞰山谷，设计公司用主要市政元素巩固校园核心。学术组团网络沿线性的景观脊线展开，由带遮阴的步道相连。在设计中，山谷成为周边社区的连接资源，也在整个基地雨洪管理中起到重要作用。新校园包含传播学院、法学院以及其他各类学科学术和行政空间。除此以外，辅助设施包括教师住宅、图书馆、教堂、一个可容纳 300 人的礼堂、学生中心、室内健身房、户外休闲区、拥有 100 个床位的教学医院以及本科生住宅。

（三）医疗环境

医院，一个与生命密切关联的场所，是不同于其他公共建筑的特殊场所，生命的延续、生命的挽救均与医院联系在一起。由于医院常常与病痛相关，人们对医院有一种天生的恐惧感。在人居环境不断改善的背景条件下，人们对于医疗设施的要求也有所不同，医疗设施品质的改善与提高，不只停留在医疗功能的完善以及功能配套，医疗服务的内涵也已扩展到对医疗环境品质的追求。

良好的室外环境视觉、生态要素和环境氛围的营造是医疗环境品质提升的关键因素，而这些是需要景观设计语言来解决的问题。

皇冠空中花园坐落在美国芝加哥市中心，这座 23 层的儿童医院是病人、家属、医生和管理人员的乐园。这个空中花园并非只是注重视觉效果的设计，而是建立在科学研究的基础之上的。设计把自然之光和冥想沉思的空间与病人的康复时间联系起来。这一再生的项目为医疗保健设计提供了新的范式，这个优秀的设计把康复花园整合为制度环境内医疗保健的一部分。这座花园坐落在一个玻璃温室里面，由一系列光的互动元素、彩色的树脂墙和当地回收的木材元素里面的声音来界定。曲折的竹林围着线状的玻璃珠喷泉，从地板到屋顶的玻璃窗都与芝加哥市中心的冥想风光毗邻。这座花园涵盖了一系列个体的和集体的空间，满足了有免疫缺陷的儿童的需求，同时又提供了一个拥有发现与创新的空间。

乌尔费尔德康复花园将景观设计中的两个现代化趋势结合起来：绿色屋顶和医疗景观。该花园位于美国马萨诸塞州综合医院约基中心的八楼，为患有癌症和其他重病的病人提供临床护理，是病人、家人、朋友和护理人员的庇护所。这座花园附近是儿童癌症治疗设施，与候诊室、机械之间隔着一个绿洲，人们可以在此聚集、谈话、沉思和获得安慰。

第六章 城市景观设计

第一节 广场景观设计

一、城市广场

（一）城市广场的概念

城市广场是指城市中宽阔的场地，是城市建筑、道路或绿化带环绕的开放空间，是人们在城市中进行政治、经济、文化等社会活动或交通活动的空间，是大量的人流聚集的地方，是城市公共生活的中心。广场周围布置的重要建筑物，往往能集中表现城市的艺术面貌和特点。

在广场中，人们可以聚在一起休息，也可以远离城市的喧嚣，自由活动。城市广场是现代城市公共空间的一部分，被喻为城市的"客厅"，是极其富有公共性与艺术魅力，且最能体现现代都市文明与氛围的开放空间。城市广场具有集会、居民游览休息、商业服务、文化宣传等功能。因此，城市广场是一个极为重要的城市展示空间，也是人与人交互极为频繁的实用空间。依据广场内外各组成部分的主要功能与用途可分为服务于市民的市民广场、用于纪念历史事件或个人的纪念性广场、用于展现城市文化的文化广场、服务于城市交通的交通广场、具有商业性质的商业广场等。这些分类上的每一类广场都是相对的，实际上各类广场都或多或少地具有其他广场的某些功能。本节所研究的城市广场是偏向于市民生活使用的广场，重点是能突出城市文化与现代生活气息的市民广场。

（二）城市广场的类型

1. 文化广场

文化广场也称市民广场，是城市居民的行为场所，一般位于城市的核心区，或存在于城市较大规模的文化、娱乐活动建筑群中，为广大市民进行集会、开展活动、发布信息提供一个公共性质的交流平台。文化广场的周围一般围绕有各级政府行政办公的建筑，如文化宫、美术馆、博物馆、展览馆、体育馆、图书馆等大型文教性建筑，以及邮电局、银行、商场等公共服务性建筑。

文化广场是市民活动的中心区域，具有设置分散、服务便捷的特征。人们在广场上主要从事与文化有关的娱乐、学习活动，例如文艺演出、自发性群体活动等。因此，文化广场的设计要突出浓郁的文化气氛。相应地，广场上应配置露天舞台、音响、灯光、展窗等演出和观摩设施,以及群众的活动场所。另外由于文化广场上人流量较大,因此交通问题显得十分关键。不仅要处理好广场附近的交通路线问题,还要考虑与城市其他地区交通干道的合理衔接,保证广场上的人、车集散,组织好人、车流动线。

2. 交通广场

交通广场与城市的交通有着密切的联系,其主要功能是疏散、组织、引导车流量和人流量,并有转换交通方式的功能。例如,影剧院、展览馆前的广场均有交通集散的作用,它们有的偏重于解决人流集散,有的偏重于解决车流或货流的集散。交通广场除了解决交通问题之外,由于车辆及行人较多,因此,广场上还应该设置足够的停车面积和行人活动面积;为满足行人出行过程中的各种需求,广场上还应配置座椅、餐厅、小卖部、公厕、书报亭、银行自动取款机等设施,为人们的日常生活提供便利。

交通广场包括与城市道路相交的广场、车站广场、城市文化娱乐场所前的广场等,其中建于车站前的车站广场是最常见的一种交通广场类型。车站广场多与交通枢纽站相邻或相接,且与车站的出入口相通,从而才能更加有效地疏通车流和人流。车站广场的设计应考虑到人、车分离的要求,以保证广场上的车辆畅通无阻,避免人、车混杂或相互交叉,阻塞交通,确保行人和乘客的安全,以及他们出行的便利与快捷。此外,车站广场的设置还应该考虑与附近交通枢纽车站、汽车停车场等场所建筑出入口的位置关系。

3. 游憩集会广场

游憩集会广场是主要为市民提供集会、休闲、娱乐的室外活动空间。市政厅等行政办公建筑群中的广场一般都有游憩集会的作用。为满足平时人们休闲、娱乐、集会和游行等活动的需求,这类广场既要求有相应的开阔场地,又要划分出多个小环境空间,为市民提供适宜的休闲场所。另外,路灯、桌椅、书报亭、电话亭、垃圾箱等也是广场上必不可少的公共设施。这些广场除具备广场本身的需求外,都还分别有着自身的景观特色,在城市景观规划中发挥着独特的作用。

4. 纪念性广场

纪念性广场重点突出政治意义和纪念意义,是举行国家或城市重要庆典活动或纪念仪式的场所。若是围绕在艺术或历史价值较高的建设或设施中的建筑广场,通常具有一定的纪念意义,也都归于纪念性广场一类。城市中一部分大型的纪念性广场象征着国家的精神,比较典型的实例是我国北京的天安门广场和俄罗斯莫斯科的红场等。

纪念性广场的设计要求突出纪念主题。其规划设计多采取中轴对称的布局,并注意等级序列关系,用相应的标志、石碑、纪念馆等创造出与纪念主题一致的环境氛围,目的是强化纪念意义及给人们带来的感染力。然而,纪念广场上设置的构件也不能全都以纪念意义为主,因为这样就忽视了纪念广场的其他功能。因此,同时设置一些供人休息、活动的公共空间和设施也是非常有必要的,使人们既可以参观具有历史价值的建筑和文物,又能体验到休闲、游玩的乐趣。

5. 商业、街道广场

商业广场是人们以进行商品买卖为主的城市空间，大多位于城市商业区，形成商品买卖市场，不仅能够有效地组织商业街区的人流，还能为城市民众提供生活空间。这类广场应附带着一系列的超市、餐厅、旅馆、百货商场、购物中心等商业建筑，除此之外，广场上还应设有相应的休息区，以分散商场人流，提供停歇场所。

街道广场是为行人提供休息、等候的场所，是道路人行系统中不可或缺的组成部分。街道广场的景观设计一般都倾向于绿化空间：在广场上种植树木、花草，设置公共座椅、喷泉、雕塑等辅助设施和装饰物，使街道空间充满生活气息并具有艺术情调。

根据广场性质、功能以及空间特点等方面对广场进行了大致的分类后发现，广场的类别并不是纯粹严格、标准化的，通常以某一个侧重的方面进行分类。例如，某一个广场除了是城市的主要交通中心外，还是城市重要的休闲、游憩、集会场所，这种情况下，既可以说它是交通广场，又可以说它是休闲游憩广场，或者是集会广场。因此，广场作为城市中主要的职能空间，它不可能只拥有一种类型的功能，各功能之间是有相互联系的。广场的功能或多或少具有复合的特点，因此，广场类型的确定通常是以占主导地位的活动类型来确定的。

（三）广场的形式

广场的形式也可以说是广场的形态，是建立在广场平面形状的基础之上的。通过这些不同形状的基面来制造各种空间形态。以广场用地平面形状为依据，广场主要分为规则形和不规则形两种形式。关于广场的形式要根据广场所处的地理环境，以及广场的功能、空间性质等各方面因素综合考虑确定。规则型广场用地比较规整，有明确清晰的轴线和对称的布局，一般主要建筑和视觉焦点都建在中心轴线上，次要建筑对称分布在中轴线两侧。像城市中具有历史性、纪念意义的广场多采用规则形。规则形广场的具体形态包括圆形、正方形、矩形、梯形等。

1. 矩形广场

矩形广场形态严谨，缺少灵动的趣味，给人一种端庄、肃穆之感。因此，举行重要庆典或纪念仪式的广场多采用矩形广场形式。矩形广场的设计一般是在广场的四周建各种建筑物，留一处或两处出入口与城市道路相接，形成封闭或半封闭的广场空间。广场上以轴线方向或其他标准布置雕塑、喷泉、绿带、花坛、纪念碑等物品，营造出美观的环境效果。矩形广场的空间设计应当注意与广场四周的建筑物高度及风格相差不宜太大，广场上游戏设施、餐饮处、广告等不宜布置过多，以免产生混乱感。

2. 圆形广场

圆形是几何图形中线条较为流畅的一种图形，具有其他图形不具备的向心性。圆形包括正圆和椭圆，中心可有无数条放射线向边沿发射，图形虽然相对简单，却充满轻松、活泼之感。圆形广场同样具有圆形的这些特征。

圆形广场一般位于放射型道路的中心点上，周围由建筑物围合，与多条放射型道路相连，构成开敞的空间。与矩形广场相比，圆形广场轴线感并不是那么强烈，却有着较强的圆润优美感，总能给人以轻松、活跃之感，而不会产生拘谨感。圆形广场的视觉焦点在圆形的圆心，因此，一般在广场中心布置的喷泉、雕塑、纪念碑等物往往会成为景观的焦点。为了使广场景观更加丰富，还可以将广场的平面设置成多个圆环相套的形式，形成圆环形布局。比较著名的圆形广场实例有法国巴黎的星形广场和梵蒂冈的圣彼得广场等。

3. 正方形广场

正方形方方正正，是几何图形中最规整的一种图形，是一种"理智"的象征。正方形拥有四条相等的边，有两条中心线和两条对角线，是轴对称图形。正方形广场具有很强的封闭性，给人一种严整的感觉。广场的中心即为正方形的中心，是人们视觉感知的主要区域。正方形广场典型的实例有古典主义时期形成的法国巴黎孚日广场。

4. 梯形广场

梯形好像是一个完整的矩形被切掉两个角一样，与矩形一样，有明显的轴线，可以看作由矩形演变而来的一种规整图形。梯形广场四周建筑物的分布往往能给人一种主次分明的层次感。如果将建筑物布置在梯形的底边上，能产生距离人较近的效果，突出整座建筑物的宏伟。另外，梯形广场由于有两条斜边，人站在上面，视觉上会产生不同的透视效果。

5. 不规则形广场

不规则形广场是相对规则型广场而言的，一般是在某种地理条件、周围建筑物的状况以及长期的历史发展下形成的。不规则形广场既可以建在城市中心，也可以建于建筑物前面、道路交叉口等位置，具体布局形式以结合地形综合考虑为准。

历史广场中不规则形的广场也比较常见，尤其是中世纪形成的广场大多都是不规则的平面形式，例如意大利锡耶纳的坎波广场、意大利佛罗伦萨的西格诺利亚广场、法国巴黎的旺多姆广场等均为不规则形广场。

不同的广场形式往往会形成不同的城市景观特色。广场的形式是广场空间的具体表现，也是产生广场空间美的基础，没有形式的空间是无法被人们所感知的。广场的形式与广场的空间性质、特征以及广场的地理环境、设计思想等有着密不可分的内在关系，因此，在对其进行设计时一定要从多方面综合考虑，集实用与审美于一身，将个体融入整个城市空间，并发挥其独特作用，使广场成为人们生活空间不可或缺的一部分。

二、城市广场景观

（一）城市广场景观的内涵

城市广场景观主要包括硬质地面、绿化种植与设施小品三种类型的空间设计要素。其中硬质地面的研究内容有尺度、形状、层面、铺砌、台阶、图案、颜色等；绿化种植的研究内容有花圃、草坪、绿篱、树林等；设施小品的研究内容有雕塑、碑塔、廊架、景墙、喷泉、座椅、标牌、灯柱等。

地面是城市广场空间中的底层界面，广场景观按照建设手段的不同可分为硬质景观和软质景观。硬质景观是指在城市中以游憩、使用、观赏为主要功能的场所内，以道路环境、活动场所、景观设施等为主的景观。其内容包括地面铺装、坡道、台阶、栏杆、雕塑小品、电话亭、游乐场、休闲广场等，硬质景观通常运用材料的各种质感和形态，形成花纹或装饰图案，组成具有一定艺术效果的景观地面，为人们提供主要活动场地。软质景观主要采用绿化手段，满足人们亲近自然的需求。城市广场景观一般以硬质景观为主，辅以水体、绿化等。

（二）城市广场景观的环境功能

1. 引导视线与交通

城市广场景观在满足行人与运输工具通行要求的同时，还可被设计用来吸引人们的视线与引起通行方向。这种引导功能主要通过线形和色彩的设计来实现：平行于视平线的线形强调地面的纵深感；垂直于视平线的线形强调地面的宽度；直线形的景观线条引导人们前进；无方向性或稳定性的景观线条引导人们停留；辐射状或向心式的景观引导人们关注某一特定焦点。

2. 分隔与组织空间

材料或样式的变化可以体现广场空间的边界，给人们产生不同的心理暗示，达到分隔与组织空间的效果。例如，采用不同的铺装材料来分隔两个不同功能的活动空间，或者采用同一种材料的不同样式来区分不同空间，给人们以领域感。

另外，地面高低差的变化也可以分隔和组织空间，并增强场地的趣味性，常见的处理方式有台阶和坡面。在设计中，设计人员可根据空间的功能需要，结合实际的地形地貌和具体环境，把整个广场空间分隔成不同功能的单元空间，再合理组织不同的单元空间，使之成为一个整体。

三、城市广场景观设计

（一）尺度与形态设计

在城市广场景观设计的过程中，仅仅合理地解决人们的生活需求是远远不够的，环境的艺术化处理与合理的设计布局同等重要。

广场的艺术体验是整体设计中的重要部分，广场的性质决定了它的规模尺度和设计风格，广场的规模尺度和设计风格又直接影响地面的铺装材料、尺度形态和色彩图案。如何才能遵循视觉美学原则，体现美的广场形态，激发使用者愉悦的心理感受，这就需要我们从多个角度探寻景观艺术的审美特征。

1. 尺度设计

尺度设计的目的是满足人的生理活动和心理活动的需要。人与运输工具是城市广场景观的使用主体，因此，在进行尺度考虑时，既要考虑游人与各类运输工具运动空间的大小，也要根据实际环境的使用功能和环境风格等因素来安排不同的尺度，满足人们的心理需求。

人体工程学的统计数据显示，单人通行的宽度一般为 750 mm，双人并肩的宽度一般为 1

300 mm。在相关设计手册上也可以查阅到城市广场中常用交通工具的尺寸标准，如自行车的宽度为 600 mm，三轮车的宽度为 1240mm，游览电瓶车的宽度为 2000 mm，小型客车的宽度为 2000 mm，消防车的宽度为 2500 mm，大型客车的宽度为 2700mm。在实际的设计工作中，不仅要满足人和上述交通工具的基本运动空间，还要考虑人们的心理尺度。狭窄的空间使人感到局促和拥挤，宽敞的空间让人感到开放和空旷。不同尺度的对比，还能够让人产生大气开放或亲切自然的不同心理感受，宜人的尺度能够加深整体环境的表现效果。除此之外，不同的材料质感和色彩运用也会使人产生不同的视觉尺度，合理的尺度关系应该与材料质感、色彩、图案等其他要素的运用情况相适应。

2. 形态设计

城市广场的景观平面形态，与居住区广场、街道环境、公园街道环境的地面形式有着很大的差别。这些都是城市中的公共休闲空间，但由于环境的空间性质、使用状况以及人流量的不同，它们的平面形态也有着不同的特点：居住区中的公共空间具有一定的私密性，主要功能是满足人的日常出行和居住休闲，所以景观平面的形式多表现为"点"与"线"的关系；街道空间由于受到建筑布局的限制，往往是线性空间；公园与广场一样有着公共性和开放性等特征，但公园更重要的职能是美化环境、保护生态，并为人们提供自然亲切的休闲场所，因此公园景观平面的形态多表现为"面"，偶有线性的道路融在其中。由于场地性质和使用功能的不同，广场的景观平面形态丰富多样，集合了点、线、面三种基本要素，只有合理地安排广场地面的各形态要素，才能体现设计中形式美的原则。

（1）平面形态的基本要素

视觉设计中的各种形态，不管是自然形态还是几何形态，都是由点、线、面等要素构成的。在构成学中，点是最小的要素单位，形态最为简洁，但它在面积上和方向上的改变，会形成各种各样的形态和图像，因而它是视觉造型设计最基础的语言。点具有强烈的张力，能够聚合和集中视线，将人们的注意力集中过来，因此，它有提示和引导视线的作用。排列的点使人感知线和方向，或安定平和，或动感节奏，或活泼随意，都可以形成一定的空间方向或空间范围。

很多的点沿着一定方向紧密排列的轨迹，形成线条。线有长度而没有宽度和厚度，线可以指示方向和位置，并形成面与面的边缘。线具有强烈的自身性格：直线具有最简洁的形态，挺拔而有力量感，又有现代感和平稳性；曲线柔美欢快，具有韵律感和抒情性；折线表现出节奏感和动感，具有紧张感和对立性。景观平面的形状也是通过构成要素中的点和线得到表现的，线比点的应用效果更强烈，有规律地排列线性地面铺装可以产生强烈的节奏感和韵律感。线条是概念的，铺装是概念的具象表现，将线条的直曲、长短、宽窄、轻重等特性分别赋予地面材料，形成景观的风格特征，能给人不同的观感。借助线条状态的转折、连续、顿挫等变化，能给人以力量、速度、连续、流畅、移动、弹力等动态感受，景观也因此而变化万千。

很多的线沿着一定方向紧密排列的轨迹，形成了面，面同时也是点的聚集。面有宽度而没有厚度，外轮廓线构成了面的形状，面是空间的基本单元，可以围合成一系列的视觉空间。"面"在景观平面设计当中的运用非常广泛，面的分布位置和面的比例关系直接影响广场整体环境的使用功效和视觉美感。面是有形态的面，面本身就是一个图案，不同的形态产生不同的心理感应：长方形和正方形的地面整齐规矩，具有稳定感；方格状的铺装面产生静止感，暗示着一个静态停留空间；三角形的地面尖锐活泼，具有动感和活力。三角形有规律地进行组合形成多边形的地面，可形成有指向性的图案，动感中又具有统一性；圆形的地面柔润优美，同心圆可以组成完美的图案，不仅具有韵律感，还具有向心性；不规则形态的地面，采用自由的形式或模仿自然纹理，具有自然、朴素感。

（2）景观形态的基本形式

①对称与均衡。对称是指以轴线为中心，两侧的形体或位置相等或相对，这是一种稳定、工整的构成形式，给人沉稳、严肃的感觉。均衡是指空间体量感达到相对的平衡，这不是完全意义上的对称，而是一种讲求动态平衡的视觉感受，在表现形式上更加自然多样。铺装地面的均衡布局，使整体空间有条不紊、整齐大气，适用于各种性质和风格的广场景观设计。在对称的布局中，广场的中心往往位于对称轴上；在均衡的形式中，广场的重心常常平衡而协调。中心和重心通常是指广场的视觉中心区域，也就是整个广场景观构图的中心，体现着整个广场的性质和风格。广场内部的景观、道路、铺地等形式都应围绕相应的中心布局设置。

②重复与群化。重复是指相同或近似的形态要素连续地、反复地、有规律地出现或排列，可以是单一要素的重复，也可以是正负形交替的重复，还可以是多样物体组合的重复。重复的构成形式能使环境整齐化、秩序化和富有节奏感，并呈现出和谐统一的视觉效果，使人感到井然有序。在广场布局的时候，反复或间隔反复出现的线条、形态及图案等就是采用了重复手法。广场上横向或纵向地重复同形状的花纹图案，可以产生一定的节奏感和条理感。群化是重复的一种特殊表现形式，它不像一般的重复构成那样由四方连续发展而成，它的构成形式可以是基本形的平行对称排列、对称或旋转放射排列或多方向的自由排列，如黑白相间的四边形方格铺地、具有向心旋转的三角形地面图案、同心圆和放射线组成的圆形古典图案等。

③渐变与发射。渐变是指基本形的特征逐步、有规律地进行变动的现象，它有一定的方向性，给人以韵律的美感。渐变的形式有很多，主要有形状渐变、大小渐变、位置渐变、方向渐变、色彩渐变等。形状和大小的渐变可以采用粗细、变形、压缩、增大等手法，给人以运动感和空间感；位置和方向的渐变可以采用疏密、移位、角度变换等手法，给人以立体感和空间感；色彩渐变可以是色相、明暗、纯度的变化，给人以优美的视觉感。渐变的形式应用于广场铺地能够产生非常艺术感的空间，给人耳目一新的感受。发射是一种特殊的重复，也是一种特殊的渐变，它的特征是基本形环绕中心点向内或向外做有序的变化。向外散开的发射形式具有很强的扩张感，向内集中的发射形式具有很强的收缩感。发射有一种深邃的空间感，在方向上具有明确的指引性。在广场的中心或区域中心，常常会用到发射的形式，它的表现形式非常丰富，主要有向心式、同心式、离心式、多心式等。在实际的景观设计中，这些形式可以组合使用，以取得良好的视觉效果。

④对比与统一。对比是一种自由的构成形式，它通过相互比较而得出差异；统一追求的是协调与和谐，它通过各个元素相互调和而寻求近似。对比可以是大小形状的对比、空间虚实的对比、色彩肌理的对比、疏密聚散的对比，对比可以是强烈的，也可以是细微的。而统一却要从整体出发，协调对比空间位置关系、画面主次关系等内容，要做到统一而不单调、对比而不杂乱。在大面积的广场景观中，为了达到形式上的统一，设计师常常采用相同质感或色彩的材料，然而这样的形式缺少了韵律感与节奏感，显得单调乏味。合理地利用好广场景观的形式变化、色彩变化和材质变化，在变化中寻求统一，显得尤为重要。

（二）材料与质感设计

硬质景观在城市广场景观中所占面积最大，好的硬质景观设计能够充分地体现出广场的特点、用途和主题。而质感是由人对材料结构和质地的感触而产生的，不同铺地材料的肌理和质地对广场空间环境会产生不同影响，有的给环境带来轻松和温馨，有的使空间开阔和舒适。在设计中，景观设计师需要充分观察和了解材料的质感美，利用不同质感的合理搭配，在变化中求得统一，这样才能达到和谐一致的铺装效果。

1. 景观材料的选择

广场空间的面积一般都较大，景观设计师在设计中常常采用不同的手法对整体空间进行分割，以形成不同的景观区域，而地面铺装材料的变化是区分广场空间领域最直接的手法。面对当今市场上众多的铺装材料，选择合适的铺装材料并运用于特定的广场空间，赋予广场特征与活力，是景观设计工作的一项重要内容。

在选择材料时，要考虑广场的性质和使用情况，铺装材料的安全性要求、导向性要求、荷载要求、排水要求、施工便捷要求、后期维护要求等都应成为广场景观设计的考虑内容。一是安全性要求，地面材料应坚固耐久，平整抗滑，利于行人步行和行车安全；二是导向性要求，应利用铺装材料指引人们的游览路线，实现视觉导向和区域划分的功能；三是荷载要求，地面材料应具有良好的承载能力和抗地基不均匀沉降的能力；四是排水要求，地面材料应具有一定的渗透能力，或采用便利的排水设施，便于将雨雪水及时排除；五是施工便捷要求，随着建筑产业的工业化和现代化发展，铺地施工讲究安全、快捷和方便；六是后期维护要求，选用的材料应便于地面本身和地下设施的后期维护。除此之外，不同的气候也会影响广场地面铺装的使用情况与使用周期，在设计中要充分考虑地面对气候的适应性，尤其要注意一些极端气候条件。例如，使用浅色的铺地可以反射热量，减少热吸收，适用于炎热的气候条件；使用有孔隙的铺地表面，或良好的排水设计，适用于多雨的气候条件；选用耐磨面层，以应对多雪地区清雪设备的使用，适用于寒冷的气候条件。

2. 广场景观的质感美

广场景观的质感美，主要体现在材料的运用、质地的表现和界面的处理三个方面。质感是指人观察或接触到材料的表面而产生的心理感触。例如，质地细密光滑的材料给人优美雅致和富丽堂皇之感；反之，如果材料质地粗糙、无光泽，则给人以粗犷豪放、草率野蛮、朴实亲切之感。目前，随着科学技术的发展，广场地面铺装工程中出现了很多具有自然视觉表面的人造地面材料，如看似花岗岩或布面的瓷砖、看似大理石的混凝土砌块、看似木材的塑料板材等，这使得广场的铺装材料更加多样化。触觉质感是指通过接触感知材料的表面状态，对广场地面铺装而言，就是脚透过鞋底或者手触碰地面感觉到的表面状态，如光滑或粗糙、柔软或坚硬。材料表面状态也表现为纹理的粗细程度，细致的纹理给人光滑感，粗糙的纹理给人粗涩感。

在质地表现上，要尽可能地发挥材料本身所固有的特点和美感。木材的温暖、鹅卵石的滑润、石材的粗犷、青石板的质朴都能为广场地面创造出不同的环境效果。在进行材料质感的设计与组合时，材质的对比与统一是铺装设计的重要手段之一。采用质感对比强烈的材料，可以使铺地产生强烈的视觉冲击效果，这种效果独特而醒目，而在对比变化中寻求统一，又可以把握整体的效果。

（三）色彩与图案设计

在进行地景设计时，关注色彩、分析色彩、合理运用色彩显得十分重要。同时光影的变化、不同造景材料的组合、空间功能的强调也影响着环境效果。

这些相关的要素必须相互作用、合理配置，才能创造出一个赏心悦目、多姿多彩、令人向往的广场空间。

1. 广场景观色彩的特性与构成

城市广场的景观色彩包括地面铺装、地表小品等人工的装饰色彩和地被植物、水体等天然的自然色彩。装饰色彩主要来自人工铺筑的景观，设计师可以选用不同色彩的铺筑材料，保留其固有色彩，也可以直接在材料上进行涂色，这些人工景物其体量的大小、质地的粗细、形态的变化，以及其色彩的应用都会对环境气氛造成较大的影响。自然色彩又分为以植物色相为主的生物色彩和以水体、山石等色相为主的非生物色彩。广场地景中的生物色彩主要来自地被植物，绿色是它的基调，彩色花卉也较为常见。植物是具有生命的活体，而且种类繁多，会随着其生长阶段和季节的交替不断地改变其形态和色彩而呈现出丰富多彩的变化。大自然中水体、山石的色彩，在地表景观构图中也有精彩的表现，有时以背景色彩的形式存在，有时又起点缀作用，有时还产生犹如流动的画面。自然色彩可以打破装饰色彩的单调性，增加层次和变化，活跃整个广场的景观界面。

2. 色彩与图案的功能

根据人们在广场中活动的特点，景观的色彩和图案关系到广场的各种交通功能和装饰问题，还关系到游憩与娱乐、指示与信号系统等。在实用功能上，如空间的开敞与围合、平面的上升与下降、平面与立面的连接与交合、内部与外部的限定与渗透等环境艺术都可以通过色彩手段来处理。广场景观的色彩和图案主要有以下功能：

（1）调节和平衡整体环境

人们对不同的色彩也会有不同的视觉感受，可以利用色彩重新调和有缺陷的环境景观要素，可以采用的手法有大小比例的调和、色彩冷暖关系的调节等。

（2）强化特定空间

为了打破单色的空间界面，设计人员通常采用色彩各异的景观元素进行合理搭配，这时可以突破地面的界面区分和限定，自由任意地突出其抽象的空间，模糊或破坏原有的空间构图形式，与周围的环境形成区别，给人新鲜感和美的享受。任何一种景观元素都有固有的色彩。采用不同的材料色彩，营造出不同的氛围，既能够使景观得到丰富，又能够在一定程度上活跃整体的气氛。

不同性质的广场、地面色彩和图案应具有各自不同的特点，如位于繁华的城市中心的商业广场，可以采用浅色、明度较高的暖色为铺地材料的主要色彩基调，从而烘托出热闹、繁荣的气氛。相反地，对于气氛较严肃的市政或纪念性广场，色彩和图案应选择一些稳重的基调，多采用表面较为粗糙、色彩不艳丽的材料，以此来营造庄严肃穆的氛围。

第二节 公园景观设计

一、城市公园概述

（一）城市公园的概念

城市公园是城市景观的重要组成部分，是向公众开放的，由政府或公共团体建设经营，供公众游憩、观赏、娱乐，进行体育锻炼、科普教育的场地，具有改善城市生态、防灾减灾、美化城市的作用，积极而有力地促进了城市经济、文化、环境的发展。

（二）公园的类型

公园作为城市开放空间的一部分，和居住区游园一起构成了城市绿地系统，具有改善和调节城市小气候的作用。针对公园而言，可以分为以下几个类型：综合性公园、儿童公园、动物园、植物园、街头公园。一般来讲，综合性公园面积不宜小于 10 hm²，儿童公园面积宜大于 2 hm²，植物园面积宜大于 40 hm²，专类植物园、盆景园面积宜大于 2 hm²，居住区公园面积宜在 5～10 hm² 之间，居住区小游园面积宜大于 0.5 hm²。不同层次的公园的用地规模、服务半径、设置内容有很大的差异，但其设计方法和流程基本上是一致的，这里重点选出综合性公园、社区公园和专类公园简单谈谈需要注意的地方。

1. 综合性公园

综合公园的功能比较齐全，可以满足人们休闲、娱乐、教育、体育运动等多种活动。正是由于综合公园要适应多种功能要求，因此，这类公园的占地面积通常较大。综合性公园的面积一般不小于 1000 m²，且自然条件良好、风景优美，园内有丰富的植物种类，同时园内设施设备齐全，能适应城市中不同人群的需求。根据其服务范围又分为全市性综合公园和区域性综合公园。全市性综合公园的服务面积相对更大，服务半径几乎覆盖整个城市，其位置选择要适当，以居民乘车 30 min 左右到达为宜；区域性综合公园的服务半径覆盖整个区域，以步行 15 min 左右到达为宜。综合公园在较大的城市一般可以设置数个，而中小型城市一般可设置一个。综合公园包括的内容较多，一般有游戏娱乐区、儿童活动区、生态林区、休息饮食区、管理区等，并且每个区域中必须有相应的设施。例如，儿童活动区必须有儿童游戏设施，休息饮食区必须有餐饮店、休息椅等。另外，为了给人们的游玩提供便利，公园内还必须设置停车场、管理办公处等。公园内的绿化植物种类要丰富，植物要根据各景区的需要来配置。

2. 社区公园

社区公园是居民进行日常娱乐、运动、交往的公共场所。通常包括居住区公园和小区游园，是居民公共活动的主要场所。社区公园一般包括休闲区、运动区、休息处，比较大的社区公园还设有停车场等。居住区公园是居住区配套建设的集中绿地，面积一般不小于 300 m²，公园服务半径为 500～1000 m。小区游园是一个居住小区配套建设的集中绿地，面积一般为 200 m² 左右，服务半径为 300～500 m。另外社区公园还能在灾害来临时为居民提供避难地，因此公园中还设置有消防栓等防灾救助器具。

3. 专类公园

专类公园是指具有特定内容或形式的公园，如儿童公园、动物园、植物园、历史名园、体育公园和游乐场等，其中每一个公园和公园绿地景观都有自己专属的功能和特点。下面以儿童公园、动植物园、体育公园为例进行具体介绍。

（1）儿童公园

儿童公园是专门为少年儿童服务的游乐园，要针对儿童的生理、心理和行为特征为核心进行设计，要特别为不同年龄段的儿童设置以游玩、游戏为主要功能的公园绿地系统。

①儿童公园的类型

综合性儿童公园：一般可以比较全面地满足儿童多样活动的要求，设有各种游乐设施、体育设施、文化设施和服务设施。

特色性儿童公园：突出某一活动，系统比较完整。

小型儿童乐园：其作用与儿童公园相似，设施简易、数量较少，占地面积较小，通常设置在综合性公园里。

②儿童公园功能分区

一般分为幼儿区、学龄儿童区、体育活动区、娱乐区、科普活动区、办公管理区等。其设计要点如下：按照不同年龄儿童的使用比例划分用地，并注意日照、通风等条件；绿化面积宜占 50％左右，绿化覆盖率占全园的 70％以上；道路网简单明了，路面平整，适于儿童车、推车行走；注意场地排水，提高儿童户外场地的使用率；建筑形象生动，色彩鲜明生动。此外，绿化配置要注意避免选择有毒、带刺和多病虫害的植物。

（2）动植物园

动植物园主要是为人们提供对动植物进行观赏、研究和接受相关教育的场所。

植物园的选址一般来说要充分考虑植物对生长环境的需求，常设置在交通方便、土地肥沃、水源充足的近郊区。其区域设置一般包括浏览区、休息区、管理办公区、温室、苗圃区等，并有相应的研究性设施。

动物园的选址应考虑到安全性，不易与人口居住密集区太近，并且要在周围设置防护网或缓冲绿地。此外，还要设置卫生防护林带，确保动物的粪便、气味不对城市其他区域造成污染。动物园的规模要根据展出动物的种类、保证动物有足够的户外活动空间和适宜动物生长的生态环境为尺度来确定。其区域设置一般分为浏览区、休息区、餐饮店、停车场等，并在一定区域配备明确的标识指示系统和解说系统。

（3）体育公园

体育公园是提供各类体育比赛、训练以及日常体育锻炼等活动场所的特殊公园，要求有一定技术标准的体育设施和良好的自然环境。体育公园一般面积比较大，包括户外体育运动设施、体育馆、草地、休息区等，但运动设施面积以不超过公园总面积的一半为宜。在体育公园内也可以将运动设施的标准适当降低，适量增加娱乐、餐饮等项目。体育公园为了能够更方便地让居民使用，一般选在与居住区交通便利的地段，同时由于人流量较大，园内需要设置明确的标识指示系统，还要备有充足停车位的停车场，以便保证活动正常进行，以及能有效地疏散人流。此外，体育公园的绿化设置也非常重要，绿化面积根据其功能需求而定。

二、城市公园景观设计

（一）公园景观规划设计的意义

1. 对城市整体空间的整合具有积极作用

公园景观规划设计的过程是将构成城市空间系统中的"点""线""面"进行统筹与规划设计的过程。其中，各个空间结合自身功能与属性、城市得天独厚的自然条件与客观的发展需求，以及城市的历史文化，在构成公园景观的过程中合理安排、统筹规划布局。在落实与实现这一理念的过程中，其对城市整体空间的整合具有积极作用。

2. 对继承和发扬中国古典园林精神理念、空间理念具有积极作用

公园景观规划设计这一理念是基于对中国古典园林精神与设计理念的继承与发扬，是体现城市整体空间自身与客观环境相互和谐统一的合理途径。依循中国古典园林的特点、精神与启示对城市整体空间环境进行统筹规划设计，追求城市整体空间自身与客观环境相互和谐统一的过程，是适应现代城市整体景观规划设计与发展的必然趋势，同时也是继承与发扬中国古典园林精神理念、空间处理手法的过程。在这样的历史发展条件下，公园景观规划设计必然对继承和发扬中国古典园林的精神理念、空间理念具有积极作用。

3. 对提升城市意象、保护并体现城市的历史文脉具有重要意义

公园景观规划设计应遵循中国古典园林因地制宜与天人合一的理念，因而在规划设计城市整体空间时应尊重与保护城市自身的生态环境，结合城市独特的地理气候条件和历史文化将城市整体空间视为如同公园一般的有机整体，在满足城市功能与发展需求的同时，具有体现城市个性与气质的意境美感，让在城市中生活的每个人在城市的每个角落都能够感受到如同身处公园之中的舒适惬意和审美享受。在这样的城市景观规划设计理念下，公园景观规划设计有利于发觉与提升城市的意象特点，尊重每个城市的个性，发掘唯一性，能够有力地避免目前千城一面的现象，有利于保护与体现城市的历史文脉，体现中国古典园林源于自然、尊重自然的和谐思想。因此，运用公园景观规划设计对提升城市意象、保护与体现城市的历史文脉具有重要意义。

4. 顺应现代城市发展趋势和特点

在总结与归纳现代城市景观规划设计理念与方法的基础上，加以区分、借鉴和提升。公园景观这一城市景观的规划设计理念既结合中国古典园林的规划设计思想，又面向现代城市景观规划设计的发展需求，统筹城市视觉意象和整合城市总体空间，同时顺应现代城市景观服务于城市空间中每个人的民主化、大众化的发展趋势。将构成城市空间中的各类型空间依其自身不同的类型和在城市整体景观构成中的各自属性加以分类，结合各个城市自身特点并尊重自然生

态和谐与可持续发展的客观要求，对构成城市景观的整体空间进行规划设计。因此，公园景观规划设计对构建能够顺应现代城市发展趋势和特点的城市景观规划设计的方法、理念具有积极的意义。

（二）城市公园景观设计目标

城市公园景观设计目标分为四个层次：设计符合时代需求（时代性目标）、设计因地制宜（因地制宜目标）、设计传承文化（传承性目标）、设计具有持续性（持续性目标）。

1. 时代性目标

设计符合时代需求，即城市公园设计的时代性目标。今天的城市公园要解决当今的时代问题，需要满足今天城市居民的实际需求，需要采用现代的技术材料设计出反映时代特征的公园环境。因此，不能脱离时代背景，忽视时代需求。时代性设计目标体现出城市公园设计对使用者的尊重。

2. 因地制宜目标

设计因地制宜的目标是对城市环境的尊重和利用。不同的城市以及城市中的不同地区，都有着先天的基础条件，如植被状况、气候条件、基地地貌、规模大小以及服务人群的规模、复杂性等。这些决定了一个城市公园的职能、使命，也决定了该公园自身所具备的特殊性。因此，妥善处理好基地各要素之间关系是实现因地制宜设计目标的关键所在。需要注意的是巧妙利用各构成要素。

3. 传承性目标

传承文化是城市公园设计的重要目标之一，城市公园的设计需要对人文特色和地方风情进行挖掘、整理和表达，避免盲目设计，形成千篇一律的样板式公园，既失去了城市公园本应有的特色，也丢失了与市民最为重要的情感联系，难以给人亲切感和认同感。

4. 持续性目标

城市公园设计的持续性要求设计首先具有责任感和远见意识，即要保障设计的科学性，秉持生态环保的绿色节约思想，创造低耗损的城市公园。其次是设计要具有人性化，因为城市公园建设往往都有长久的使用预期，这就需要尽可能促使市民保持较久的参与积极性和热情，使公园充满活力，聚集人气，从而能长久持续地为市民提供服务，而不至于闲置拆除而转变为破坏性建设，对城市和社会造成巨大浪费。

（三）公园景观的设计原则

城市的整体规划设计决定着城市的空间形态、意境、格调，而城市的空间形态、意境、格调又决定了城市公园的面貌，因为每个城市都拥有自己独一无二的地理位置、气候条件和历史文化。在公园景观规划设计的过程中，应当尊重城市自身的自然条件与历史文化、城市路网和建筑的空间结构与布局，结合城市自身的区位特点因地制宜，发觉城市自身自然条件的特点与美感并加以烘托和提升，创造出具有现代气息，源于自然又高于自然，并且具有公共景观特性的城市整体空间环境。

在构建城市整体空间环境时，城市自身的地理环境和历史文化及整体景观的空间布局对于创造城市自身独一无二的特色具有基础性与决定性的作用。而这种基于城市自身地理位置、气候条件和历史文化而生成的整体空间景观又会自然地体现出城市自身独有的特色。体现城市自身独有的特色是尊重自然、回归自然、体现中国古典园林因地制宜又尊重自然的具体方法与必然途径，也是发觉与创造城市独有的意境美感的重要途径。

公园景观规划设计在宏观上分为三个层面：整体—局部—整体。第一个"整体"是指对城市位置、地形地貌及气候类型等天然条件做出分析与判断，结合城市整体规划和城市的定位与发展方向对城市景观进行宏观的规划设计，再结合各个城市自身的不同状况对城市景观进行宏观的定位。其包括城市整体发展的定位、空间理想目标形态的定位、理想景观美学意境的定位。"局部"是指在对以上城市景观进行整体定位后，对构成城市理想有机整体中各个要素的合理组合、分区与布局。这使得各部分各司其职、各个部分形态与功能状态理想。第二个"整体"是指对公园景观的整体定位与各个城市空间组成要素的合理定位、分区与布局后的整体平衡进行评估、控制与发展的把控。这三个层面最终使得城市整体景观持续地既满足社会与城市发展中所需要的各种功能，又像公园一般富于诗情画意，意境含蓄生动，并赋予每个城市不同个性的城市景观。

（四）影响公园景观设计的因素

1. 自然要素

自然要素主要指城市公园所处环境中的客观要素，如地形地貌、植被条件、栖息物种、气候特征、日照情况等，这些要素是城市公园的存在基础，也是城市公园的特质所在，在设计中需要深入了解和认识，充分掌握自然要素的全面信息，才可能协调好以上自然要素与公园建设之间的关系。

城市公园景观设计的质量优劣的重要考察标准就是能否妥善协调和整合各自然要素的关系。城市公园景观设计需要充分尊重和保护基地客观条件，因地制宜，充分发挥现有自然景观资源，才能使城市公园更好地融于环境，融于城市整体之中。

2. 人文要素

人文要素在城市公园设计中强调尊重市民的观感，城市公园的设计建造归根结底都是服务于大众的。因此，无论从环境营造、主题设定、文化传承、功能配置乃至历史传统都需要迎合使用公园的主体——市民。城市居民或者外来游客在公园中的游览、休闲、娱乐或者其他功能体验（生理和心理体验），从总体上形成了公园存在的价值。因此，人文要素可以说是城市公园设计的归宿点，也是根本意义所在。城市公园景观设计过程中需要以人文要素为中心线索，尊重自然要素，结合社会要素全面考虑，才可能设计出优秀的城市公园景观。

3. 社会要素

社会要素主要是指对城市公园景观设计产生直接影响的政治环境、经济条件、科学技术等方面的社会力量。在城市公园设计和建设中，往往受到以上社会要素的综合影响，在相互作用中形成了不同的城市公园面貌，这种相互作用更多地理解为社会背景。城市公园的总体氛围、建设水平、设计质量等都取决于以上社会背景。因此，在城市公园的景观设计中还需要留意对社会要素的洞悉，能巧妙利用社会要素为城市公园的设计规划服务是十分理想的。

（五）公园景观设计要点

城市公园景观设计因类型和规模的差异，在设计中也有许多不同的地方，但规律性的设计要点基本一致，如公园中的地形整理、城市公园景观设计的交通组织、公园中铺装场地设计、公园中的建筑与景观小品规划、公园中的植物景观设计等方面内容都是设计的重点，这些设计要点既相互联系又具有各自独立的特征，因此在设计中需要特别注意。

1. 公园中的地形整理

地形条件是城市公园景观设计的基础，对地形条件的整理是城市公园景观设计的首要工作，设计中针对地形条件，应该以地形考察和分析、地形保护利用策略、地形改造策略、地形整理措施为前提。总之，希望以尽可能小的破坏和代价实现城市公园的地形整理工作。

（1）在考察现场地形的过程中，需要对场地内的基本尺度、方位和地貌进行踏勘，考察坡度走向、土地构成、植被群落和景观资源等，通过详细调研获取准确客观的有关地形环境的基本资料，然后结合公园规划设计的基本需求和定位进行分析，以尽可能地将设计方案和原始地形进行协调和有机整合，充分体现出原始地形的特色，因地制宜，节省人力与物力，避免不必要的巨大地形改造工程，尽量减少土方量。

（2）在对场地地形进行详细了解和全面分析后，拟订基本的保护和利用方案，如对特色景观资源的保护，对自然地貌和植被的保留。根据适宜性匹配原则，有针对性地将地形优势与适宜的公园场所规划搭配，如开阔的水域配套散步和观景的功能节点；相对平整舒展的场地部署公园公共活动广场或者设置景观建筑设施等。

（3）对于干扰和阻碍公园设计合理性的地形问题，在无法协调的情况下，需要进行针对性的适度改造。比如公园的出入口与城市道路关系的协调上，往往需要做特别处理；卫生死角或易积水的潮湿污秽区域，这类型环境也是需要重点改造的。另外道路系统和基础服务系统（如给排水系统、电力系统、安保系统、无障碍系统等）需要对场地地形进行梳理和改善，以便保证公园使用中的安全性和便捷性。在设计方案构思和地形改造策略的深入过程中，需要明确改造的具体实施方法。

（4）城市公园地形整理工作与设计工作具有一定的同步性，也只有具备相当的同步性才能保障改造工作的目的性和实际价值。地形改造必然有明确的改造目的，最为直接的目的就是为新的公园功能服务。当设计师完成了对城市公园原始地形的整理工作，也基本完成了对城市公园景观设计的总体规划工作，一个崭新的城市公园骨架便已初步成形。

2. 城市公园景观设计的交通组织

交通组织是城市公园景观设计的灵魂，公园中的各功能组团规划和布局需要靠道路系统穿针引线，人们才能领略公园的魅力。道路系统设计的合理性决定了城市公园景观的品质，同时道路系统本身也是城市公园景观的一个组成部分。

在进行交通组织的过程中需要对交通系统的层次、逻辑顺序、转换节奏等方案进行全面考量。

首先，城市公园无论规模大小，道路系统都有着明确的层次：游园的主干线——主干道往往也连接着城市道路；漫步小径是游园的最低一级道路，是最为贴近受众的身心体验的道路层次。根据公园的大小不同，两者之间可以设置多个层次的道路类型。

其次，是道路的逻辑顺序，也是观园的一般顺序。游园路线既要满足游览的覆盖面和流畅性，还要体现设计者的一番苦心，在游览线路上设计师合理安排不同的观景、休息、交流娱乐的空间，使设计丰富多样而又一脉相承，逻辑顺序也是相对而言，公园道路系统往往相互交错，可供游人自由选择，而并非单线串联，否则易使人感到压迫和不自由。

交通组织的转换节奏是强调游园体验的情感变换，由入园起兴到尽兴归去，一幅幅美好画面徐徐展开，又一一缓缓落幕。使游人产生舒缓流畅、美好完整的游园体验。

3. 公园中的铺装场地设计

城市公园景观设计的场地整理主要是指根据不同的功能对公园对应场所的适宜性改造，涉及环境围合及立面效果改造、地面铺装改造、场地主题和构成要素改造、场地基础设施改造等方面。因为功能和主题不同，改造的具体重点内容和方式也并不一样，其中地面铺装的改造和设计影响甚至决定了场所中人们的基本活动，因此极为重要。

地面铺装设计的方法多样，形式千变万化，大体上可划分为规则和不规则两种类型。根据场地的功能类型和氛围需要，配置不同类型的地面铺装；供人休闲娱乐的场所需要轻松自然的铺装格调；供人运动锻炼的场所需要大方整洁的铺装格调；供人快速通行的空间需要简洁与导向暗示的铺装格调；在漫步观景的步行道上需要点缀趣味和变化的铺装格调。总之，无论是场地整理还是地面铺装设计都需要根据场所功能和氛围进行考虑，归根结底是要尊重受众的身心体验。

4. 公园中的建筑与景观小品规划

城市公园中的景观塑造内容主要涵盖景观建筑或构筑物、景观艺术装置或小品以及景观功能设施等方面内容，是城市公园的重要组成部分。通过景观塑造，城市公园中的场所氛围能得到升华，场所精神能得以积聚产生强大感染力，场所功能可以得到补充和完善。

城市公园景观设计中对景观要素的设计需要注意以下几点：首先，需要以功能的贴切和便捷为原则，如景观构筑物，为特定的市民活动提供场地，并且具有防风避雨、遮阳纳凉的功效。其次，要考虑景观要素与公园或场所的契合度，如景观要素的文化寓意、尺度体量关系、视觉风格特征、色彩和材质搭配等，总之需要点缀环境又必须融于环境之中。最后，需要准确反映景观要素与场所中其他要素的关系，如空间视线的聚集效应，空间规划布局的重点参照，空间秩序的组织梳理。

5. 公园中的植物景观设计

植物景观是城市公园景观中不可或缺的组成要素。

城市公园作为现代城市生活和工作环境中的重要补充，不仅给市民提供了工作学习之外的休闲娱乐场所，还给予现代城市一方自然清新、生态健康的净土，在这里人们能便捷地感受到大自然四季变迁，以及花草树木、鸟语花香的生机盎然，这独有的景观魅力是城市中其他环境难以满足的，而这些都少不了成片的芳草绿树。因此，城市公园中的植物设计可以说是其魅力所在。

在城市环境的生态价值越来越受到重视的当下，城市公园的植被设计也更为科学合理。

首先是对植物设计理念的转变，曾经以美观新奇为导向的园艺绿化思想已经转变为以乡土自然、持续节约的科学绿化理念。提倡采用本土植物物种进行环境绿化改造，拒绝昂贵的奇花异草移植引入，在耗费了大量人力财力物力的情况下，还不能保证其生存能力，更严重的是物种移植带来的生态污染和失衡。

其次是根据环境中的功能需求和植被特性进行适宜性运用，如用于隔离防护的植物物种需要具有良好的生存能力，并且具有防尘、保持水土、吸收污染等生态功能；水体边缘的植被选择需考虑其生活习性，既能增添水域的情趣和景观层次，还能对水体起到净化作用，并为其他水生物提供生存资料。

最后，就是对城市公园景观的艺术性进行设计创作和构思，城市公园的植物景观需要根据不同类型空间呈现出不同的画面美感，或烘托场所浪漫氛围，或寄托环境禅意神韵，或点缀空间热情与活力。这需要设计师巧妙利用不同植物的精神特质和园艺技巧，营造出城市公园千变万化的景观风情。

第三节 街道景观设计

一、城市街道

街道是随着城市的形成而产生的。当人们建城造屋后，为了相互间往来穿越，在建筑与建筑之间留下了一些线性空间，这就是最早的街道。《辞海》对街道的解释为"旁边有房屋的比较宽阔的道路"，就形象地说明了这一点。

街道，作为交通的通道首先从属于道路，而街道除了具有交通功能还担负着诸多的社会功能。因而，街道又引申为：街道虽属于道路集合，它自身又是一个包容建筑、人、环境设施等内涵的子集合，是人类社会生活的一种空间组织形式。街道作为城市中的线性结构，它把不同的景点联结成了连续的景观序列，同时，由于街道是建立在人类活动的线路模式基础上的，街道本身就又成为城市景观的视线走廊。

二、城市街道景观概述

（一）城市街道景观概念

城市街道是建筑和道路进行围合形成的一个三维空间，人们的一部分社会活动发生在这个空间里。人们在活动时为了满足一些需求，包括基本的生理需求和情感需求，对这个空间进行了改造，并加入了一系列的环境设施，如可供休憩的桌椅、照明的路灯、垃圾桶、绿化植物、铺装等一系列元素。这些元素满足了人们的基本生活需求以及人们对美的追求。这个空间的所有形象包括人类本身，构成的各种画面和场景就是城市街道景观。

城市街道景观的形成既有人为推动的原因，也受自然环境因素的影响。人按照自己的意愿对这个空间进行了改造，随着时间的推移，自然也在这个空间里留下了自己的印记。所以城市街道景观每分每秒都在发生变化，是人与自然、人与人进行对话的产物。

（二）城市街道景观的分类

根据街道的主要使用功能和周边环境类型，城市街道可以大致分为交通性街道、景观性街道、生活性街道、商业性街道和滨水街道，由此也形成不同类型的城市街道景观。

交通性街道主要关注"道"的使用价值，更倾向于道路，也就是城市中的交通性干道，主要为车辆提供行驶通道。交通性街道景观常常集中在人流、车流较多的区域，如火车站、地铁站、汽车站、机场及一些城市主要干道等。

交通性街道景观更多是满足车辆和人流通行，所以在设计上要考虑行车和行人的安全，很多时候可以做道路隔离使用。

景观性街道侧重于街道形象的展示，实际上很多时候街道可以代表一个城市甚至一个国家的形象。景观性街道一般都是有特色的，适用于展示城市形象，往往和传统文化与历史相关，或者有一个独特的主题，一般都蕴含着独特的文化意义。设计人员在对这样的街道进行景观设计时，需要充分了解它蕴含的意义，去挖掘其中能够用在城市街道各个要素设计上的元素，只有这样才能设计出符合其主题特色的景观性城市街道。

生活性街道往往出现在城市居民区，通常用来连接附近的其他居民区或者超市、菜市场等服务性场所，生活气息浓厚，可以看成对居住小区空间的一种延伸。在生活性街道景观的设计上，设计人员主要应考虑人的使用需求，即对路径规划、小品设施以及绿化和灯光的设计要多一些。

商业性街道一般位于城市商业氛围浓厚的区域，大多是人行步道，不允许车辆进入。其主要原因是这种商业区人流量密集，而且周边大多会有商铺性质的建筑进行围合。在商业性街道景观的设计上，设计人员更多地要考虑空间上的设计，加以适当的雕塑小品和休憩设施进一步烘托商业氛围，吸引人们的停留，进而产生消费。

滨水街道也就是临江、河、湖、海等水域的街道，通常起到连接水域和陆地的功能，是它们之间的过渡带。在滨水街道的景观设计上，设计人员更多地要考虑地形地貌、植被生长、雨水给排等自然生态系统，以及表现出人与自然和谐共生的主题。

当然很多时候街道的分类并不是那么绝对的，有可能会有多种类型的城市街道景观进行融合。例如，在滨水街道的设计中就很有可能会夹杂着商业，形成滨水商业街的业态。又如，景观性的街道可能就是由一些有特色的小店铺构成的一整条街。所以对于街道的分类我们要灵活运用，不能一概而论。

三、城市街道景观设计

（一）城市街道景观设计的原则

1. 挖掘历史传统空间价值

城市中那些具有历史意义的场所给人留下的印象是深刻的，这就为城市个性建设奠定了基础。这是因为城市有历史意义的场所的建筑形式、色彩、空间尺度和生活方式，与隐藏在市民心中的地域文化认同价值观吻合，因此能引起市民的共鸣，唤起对过去的回忆，产生文化认同感。城市街道景观环境的立意与创新要结合当地的文化传统，体现出本有的民族风格、装饰特点。每个城市有着不同的地方传统文化和传统习惯，不少城市都保留了相当数量的历史文化遗迹。那么我国城市的街道景观环境，一方面要体现对历史传统的延续，另一方面也要协调解决建筑形态适应现代人口日益增多的需求。这样我们就应在街道景观及环境中合理地考虑传统与发展的相容性。就大多数中国城市而言，除了要保存不同时期的历史建筑外，还要完善历史遗留下来的重要街道与广场空间，同时界定一个理想的街道景观模式以达到建筑风格独特，街道景观视觉连续，广告牌结合夜景效果，绿地草坪构筑休闲空间，规范适应城市发展的开发方式，从而延续城市传统的规划意识。营造城市街道景观，在建筑与道路整体设计的同时，还要有一定量的人工草坪与特色植物景观，有可供人休息的设施，再有特色露天文化广场。步行街保留了部分原有的建筑，而且以现代风格建筑为中心，四周围合的花台成为人们的小憩之处。四周景观开阔，盆栽、电话亭、广告灯饰等小品配合恰当，形成了较好的街道景观效果。

2. 以人为本，使城市街道景观与人互动

一切景观环境的设计都是为了人。"以人为本"的思想来源于欧洲文艺复兴时期的人本主义思潮，"人本主义"是中世纪欧洲以意大利为中心的文艺复兴时期的美学思想，也称"人文主义"，主张思想自由和解放。在城市街道景观中体现以人为本，主要体现人们的主人翁地位，在总体规划中控制街道景观设计。各种服务性设施的配置以及在街道的建设实施过程中都要从人的角度出发，满足人的心理和生理的需求。因为人群是街道的主体，他们的生活方式和行为活动决定着城市的未来。城市街道景观设计时要考虑不同的要求，反映不同的观念，处处为人着想。科技与物质的进步，促使人们日益关心自身，关心周围的环境。对于城市街道景观也不例外。城市街道是城市经济水平的集中体现，对人自身的影响也是最大的，它的景观形成主要是靠人来完成。目前，人们关注周围环境，在景观设计中要求能与自然沟通。

3. 整体性原则

城市街道格局的设计要从城市的整体出发，城市街道景观的设计要展现城市的形象和个性。城市街道景观的设计要为突出城市的个性服务。在街道景观新建规划时，要注意街道的近、中、远景的统筹规划。在改建街道景观时，要注意建筑的有机联系，通过整条街道的建筑景观的再次装饰使新老建筑能相互交融，其建筑的特色能引导人流。

4. 生态原则

尊重自然，要求把人看成自然的一部分，要结合当地的气候环境来营建绿色景观，从道路的规划，到建筑及绿化环境的穿插，一切都是为了人的享用。

5. 创新格调的原则

在欧洲的许多城市，其街道景观设计独特，有的不但建筑古色古香，就连人们的着装也体现了当地的传统，让人身临其境，流连忘返。城市街道景观是人文景观的一部分。从规划设计来说，无论是平面布局，还是群体构成，都应体现出当地的文化特征。街道景观结构是一个动态系统，处于不断变化发展之中。我们在塑造当地城市街道景观形象时，首先要对现有城市街道景观形态作充分的了解和掌握，根据已确定的街道性质、发展规模、交通组织来确定整体形象。比如不同城市街道的视角所见的不同景观，应注重建筑物和其所在空间的逻辑关系和视觉关系，协调各建筑物及绿化过渡配合，并应按人的最佳赏景点设置小憩空间。在地方特色的街道景观塑造中，应注重建筑物同建筑物之间、建筑物与绿地环境之间的联系，使建筑物能够和谐地融入景观画面。设计师要营造有地方文化特征的街道景观就是要突出地方性、区域性、文化性。但是设计师并不一味讲地方性，而是以我为主、广纳百家、格调独特。例如，在城市街道景观的处理上，中西文化差异造成对城市空间的理解不同，可以吸取西方开敞性的室外空间理念，结合中国传统造景手法，营造出具有地方特色的街道景观风格。同时，可以改变以往紧贴红线来新建商铺的做法，在商厦门口留出一定的广场空间，形成吸引人的趣味中心景观环境，如露天舞池、露天演艺舞台、露天健身场所等，事实上这种规划布局，其商业发展前景、潜力更大。

6. 可持续性原则

随着城市的发展，环境逐渐恶化，环境的恶化警醒了人们，可持续发展应运而生。可持续发展不但要强调满足人的需要，以提高人的生活水平为目标，还要关注影响发展的因素。可持续的城市发展是可持续发展的重要组成部分，在城市街道环境设计中也要遵循这一点，崇尚自然，追求自然，力求人与自然的高度融合。在街道景观设计中要注意加强自然景观要素的调整、运用和修复。

（二）城市街道景观的设计要素

1. 景观小品

城市街道景观的要素包括开放性的设施和小品。城市街道是现代城市居民通行、休憩的公共空间，随着社会的进步，人们对城市文化和城市精神的需求增加。景观小品则作为街道绿地景观的重要元素之一，在景观表达与功能满足等方面起着重要的作用。城市景观小品的种类也十分丰富，如街头花坛、座椅、雕塑、喷泉等，用这些形象生动、特色鲜明的小品可以为城市街道景观增添情趣，营造美观惬意的街道景观环境。

景观小品不仅能够反映一个城市的品位和风格，而且也能反映一个城市的发展水平。同时，作为街道景观设施的重要组成部分，景观小品与一个城市的形象直接相关。景观小品有多种存在形式，一般以亭、廊、厅等形式，与周围的建筑、植物等组合形成半开放空间，同时很多的百货店、餐饮店、电话亭都具有独自的功能。

景观小品作为城市街道景观的一部分应注重其功能性和过渡性，同时其自身也应具有符号性和象征性，这是与一个城市的历史风貌和发展状况直接相关联的。

具体来说，城市街道景观小品一方面需要注重其实用性，另一方面也需要关注其精神文化性。建筑小品包含雕塑、壁画、亭、拱等，道路设施小品包含车站牌、路灯、围墙、道路标志等，生活设施小品包含座椅、电话亭、垃圾箱等。

但在我国，大多数现代城市景观小品，其精神文化功能常常被人们忽略。另外，景观中的细节也没有得到应有的重视。俗话说"细节决定成败"，在类似的情况下，一些细节可以反映一个城市的文化品位和审美情趣。

艺术反映了一个国家和民族的特点，是人的思想感情的表达，所以人的生活不能没有艺术。而艺术元素在景观设计中是必不可少的。正是这些艺术作品，使空间环境生动起来。所以，景观设计不能仅仅满足于实用的功能，还要努力追求艺术的美感，增加更多更好的艺术元素，以陶冶人们的情操。通常，城市开放空间中的建筑小品虽然不是决定性的要素，但是在实际生活中给人们带来的影响确实不容忽视，它的功能作用主要有以下三种：一是为人们提供优美的交往空间环境，也是城市公共设施健全的具体体现；二是为人们提供安全的防护，如亲水平台边缘的护栏，可以在人们亲近水的过程中给人以安全的防护，防止落水；三是如公厕、废物箱、儿童活动中心，这些都为居民提供方便的公共服务。

因此，建筑小品的设计要具有功能性和科学性，小品的布置应符合人们的行为心理要求和人体尺度要求，要使布局更加合理科学，还要满足整体性和系统性。

2. 户外广告

户外广告是现代城市景观的重要组成部分，户外广告设计也应具有景观意识、个性化意识和场所意识。户外广告是对街道环境的有效利用和开发，尤其是在一些商业性活动比较浓厚的街道，户外广告通过商业宣传活动向城市街道提供价值。

街道上户外广告的相关设计是与城市发展的步伐一致的，并随着市场化的进程，在城市街道景观中发挥着日益重要的作用。户外广告以其独特的商业化特点成了街道设计的一景，广告的尺寸、色彩、标语等都以直观的视觉传递，对城市的形象产生了重要影响，同时与景观雕塑的结合也给市民的生活增添了不少乐趣。不过户外广告毕竟是商业化的产物，部分户外广告的植入也需要政府根据具体的街道特色和功能来进行统一管理。

3. 建筑与广场

建筑作为城市空间一个重要的决定因素，其大小、规模、比例、空间、功能等，都将对城市街道空间环境产生重要影响。建筑被喻为"石头的史书"，建筑位置、建筑用地及建筑的装饰风格都会影响建筑与街道的关系。建筑用地和街道是有机的整体关系。沿街建筑的装饰风格也会对街道安全起到一定的影响作用。广场可以说是街道的中心，是最活跃的空间单元，也是居民生活的场所，是有生气的空间，建筑内部与广场在空间上相互渗透。

根据广场所在的地理位置和人们的活动，可以将广场分为休闲娱乐、纪念性、市政、交通集散四大建筑类型，其中与人们生活联系最紧密的是休闲娱乐类广场。在广场的设计中应该遵循三个原则，即坚持以人为本、强调个性特色、讲究整体协调。同时，还应该注意的是广场设计的情趣化问题，要力求提高广场对市民的吸引力，尽力发挥广场在地方建筑中的风格特色，广场的入口、绿化、材质的设计都要以能突出视觉中心为主。广场建筑设施的配置和整合也可以使街道景观更加丰富。广场提供室内外的过渡空间，为市民提供良好的空间感受，增强环境的舒适度与亲切感。

4. 路面与铺地

路面是人们步行与车辆通行的基面，其铺装设计对于道路空间的整体效果有着重要的意义。人行路面的铺装是城市街道设计的核心，其选材具备一定的强度、透水性与可更换性。居住氛围浓厚的地区宜采用简单、统一的路面铺装，平静朴实的日常生活是构成街道景观的第一要素。

街道是由路构成的，路面对街道的重要性不言自明，于是对城市五大意象之一的道路的安排便成了街道景观设计的重点。大众的视觉感受与不同的铺地材料有关，以鹅卵石为主的铺地材料能够给市民放松舒适的感觉，而以砖瓦为主的铺地材料则能够彰显街道的古朴质感。除了铺地的材料能给人带来多重感官外，铺地的色彩、图案就像地面的绘画一般，也能够打破呆板单一的地形，营造视觉盛宴。

总之，城市街道的路面铺地材料的色彩、质地、图案等能在街道景观设计中发挥极其重要的作用。设计师需要根据不同的街道氛围选取不同质地的路面铺装材料，从而使所选铺装材料与街道景观达成一致的风格，同时还要避免因为过度的变化而造成的视觉疲劳，所以铺地材料如何选择是一个需要认真设计、慎重考虑的问题。

5. 公共服务设施

公共服务设施也是街道景观设计必须考虑的因素之一。公共服务设施包括交通设施（指示牌、信号灯）、生活设施（休闲座椅、垃圾箱、公厕）等。一般情况下，公共服务设施在选材、形状、大小、颜色等方面都应该合理得当。进一步说，这些公共设施也要与城市的大环境发生良好的化学反应，什么类型的街道要配置什么类型的公共服务设施，不能胡子眉毛一把抓。只有注意了这些设计原则，公共服务设施才能更好地为人们服务，也才能更好地改善人们生活、工作的公共空间。

6. 空间形态的组织

城市的发展是一个动态的过程，其空间形态不会停留在形状紧凑的阶段。

一方面，对于不规则的空间形态通常无法使用几何方法来进行定量描述，所以一般采用定性描述分析，定性描述分析从城市街道的特点出发，通常富有生动、形象、个性的特征；另一方面，空间形态是城市系统的一个特殊部分，对其形态可以进行定量分析。在特定的自然环境、景观限制下，可根据城市的经济发展状况选择一种合理的空间形态，并对其进行参数控制，使其与城市结构、功能、环境相互协调发展，而合理有效的控制参数，首先需要注重的就是对空间形态特征的定量研究。

（三）城市街道景观设计分类

城市街道可分为交通性街道、生活性街道、商业步行街和其他步行用道，它们都有自己的景观特性，但又有许多共性，即方便性、可识别性、可观赏性、安全性、适合性。

1. 城市交通性街道景观

城市交通性街道为城市各个功能区之间的人流、物流提供基本物质条件，它主要分布在城市的各功能区和行政区之间，使城市结构的框架与城市的主要对外出入口、主要对外交通枢纽、城市大型公共建筑相连，使城市的轴线担负着城市的主要交通运输任务。城市交通性街道除了承担着重要的交通任务外，由于其交通流量大，通常路幅较宽，如双向 4～6 车道等，是一种较典型的城市开放空间，从一个侧面代表着城市的形象，展示着城市的个性，所以这些街道的景观功能也十分重要。对于交通性街道，设计师要以直线、大半径的曲线为主，通过道路两侧的建筑和绿化树木的高度与街道宽比产生空间感受。在停车场附近的墙上画一些壁画，为街道增添亮色。

2. 商业步行街道景观

商业步行街是交通性街道的延续，在设计时要注意合理使用收放的手法，如在步行街加宽的地方设置一些园林小品如小型喷泉雕塑，增添街道的自然情趣。

商业步行街就是由众多商店、餐饮店、服务店共同组成，按一定结构比例规律排列的商业街道，是城市商业的缩影和精华，是一种多功能、多业种、多业态的商业集合体。其中商业步行街的购物环境优雅、整洁、明亮、舒适、协调、有序，是一种精神陶冶、美的展现和享受，突出体现购物、休闲、交往和旅游等基本功能。在现代城市商业街上人车混杂的交通问题日益受到非议，商业步行街就是在这样的背景下产生的，但是现代步行商业区和传统步行商业区毕竟不同。现代步行商业区的最大特点是多功能性，传统步行商业区主要是经商，虽然有时在广场上也举行一些杂技等游乐活动，但无固定场地，其功能仍是单一的。现代步行商业区则把商业和休闲相结合，有大量绿地、水面等休息处，有的还布置了儿童游戏场、小型影剧院等文体设施，这种多功能的步行区往往构成一个地区的社会中心。

参考文献

[1] 王强，张彬，王艳梅. 建筑景观设计与城市规划［M］. 长春：吉林科学技术出版社，2020.

[2] 于晓，谭国栋，崔海珍. 城市规划与园林景观设计［M］. 长春：吉林人民出版社，2021.

[3] 曹伟. 城市规划设计十二讲：第2版［M］. 北京：机械工业出版社，2018.

[4] 陆可人，欧晓星. 房屋建筑学与城市规划导论［M］. 南京：东南大学出版社，2002.

[5] 赵和生. 城市规划与城市发展［M］. 南京：东南大学出版社，2011.

[6] 郑曙旸. 建筑景观设计［M］. 乌鲁木齐：新疆科学技术出版社，2006.

[7] 李德华. 城市规划原理［M］. 北京：中国建筑工业出版社，2001.

[8] 黄珏. 面向未来的城市规划和设计［M］. 北京：中国建筑工业出版社，2004.

[9] 张长江. 建筑与景观设计基本规范［M］. 北京：中国水利水电出版社，2009.

[10] 朱亚楠. 城市规划设计与海绵城市建设研究［M］. 北京：北京工业大学出版社，2022.

[11] 程道平. 现代城市规划［M］. 北京：科学出版社，2010.

[12] 李东泉. 简明城市规划与设计教程［M］. 北京：清华大学出版社，2013.

[13] 陈双，贺文. 城市规划概论［M］. 北京：科学出版社，2006.

[14] 王爱华，夏有才. 城市规划新视角［M］. 北京：中国建筑工业出版社，2005.

[15] 赵亮. 城市规划设计分析的方法与表达［M］. 南京：江苏人民出版社，2013.

[16] 王庆海. 现代城市规划与管理：第2版［M］. 北京：中国建筑工业出版社，2007.

[17] 王江萍，徐轩轩，李军. 城市详细规划设计［M］. 武汉：武汉大学出版社，2011.

[18] 蔡志昶. 生态城市整体规划与设计［M］. 南京：东南大学出版社，2014.

[19] 赵颖. 生态城市规划设计与建设研究［M］. 北京：北京工业大学出版社，2018.

[20] 杨俊宴. 城市中心区规划设计理论与方法［M］. 南京：东南大学出版社，2013.

[21] 刘维彬. 建筑与城市规划导论［M］. 哈尔滨：东北林业大学出版社，2006.

[22] 柳建华，顾勒芳. 建筑公共空间景观设计［M］. 北京：中国水利水电出版社，2008.

[23] 刘经强，蔺菊玲，范国庆. 绿色建筑景观设计［M］. 北京：化学工业出版社，2016.

[24] 龙燕，王凯. 建筑景观设计基础［M］. 北京：中国轻工业出版社，2020.

[25] 逯海勇. 现代景观建筑设计［M］. 北京：中国水利水电出版社，2013.

[26] 杨彦辉. 建筑设计与景观艺术［M］. 北京：光明日报出版社，2017.

[27] 马辉. 景观建筑设计理念与应用［M］. 北京：中国水利水电出版社，2010.

［28］常程．城市规划中建筑景观设计研究［J］．城市建筑空间，2022，29（6）：118－120．

［29］杨小玲．建筑景观设计新思路分析［J］．中华民居（下旬刊），2012（6）：26．

［30］李扬，刘平．可持续发展下的景观设计对城市规划的影响［J］．智能城市，2017，3（1）：225．

［31］居双飞．论建筑景观一体化环境设计的研究及实践［J］．现代物业（中旬刊），2018（9）：86．

［32］罗保明．生态城市建设的发展战略［J］．环渤海经济瞭望，2008（5）：22－24．

［33］庄志强．浅谈城市建设和城市生态问题［J］．科技资讯，2008（2）：173．

［34］管建永，张瑜．建筑和景观统一设计策略分析［J］．中小企业管理与科技（上旬刊），2010（4）：185．

［35］葛道新．城市规划设计与建筑设计的区别与协调发展［J］．门窗，2012（8）：206－207．

［36］易锐．生态景观城市规划的设计与构想［J］．美术大观，2009（12）：104．

［37］张旺．中国现代城乡建筑景观的美学反思［J］．美术大观，2021（12）：135－137．

［38］闫子卿．基于地形学理论的建筑设计策略研究［D］．南京：南京艺术学院，2015．

［39］马婧．公共建筑中建筑景观一体化设计的方法研究［D］．合肥：合肥工业大学，2011．

［40］吴帆．城市居住区规划、建筑、景观同步设计方法研究［D］．北京：中央美术学院，2010．

［41］王健．城市居住区环境整体设计研究——规划·景观·建筑［D］．北京：北京林业大学，2009．

［42］于善骏．基于规划、建筑、景观一体化设计论景观设计各阶段可改进之处［D］．广州：华南理工大学，2016．

［43］单赛卖．城市广场整体设计研究［D］．西安：西北大学，2012．